开播啦！从新农人 到带货网红

U0242555

LIVE
LIVE

内容带来流量，人设和形式扩大流量；
短视频和直播是新农人的机遇；
全网 20 位新农人大咖超强模板，做同款网红不再难；
乡村生活、美食、技艺、风光旅游、区域文化、人物 IP
总有一招适合您。

喜子——新农人电商培训金牌讲师

 常广喜 著

中原农民出版社

·郑州·

图书在版编目（CIP）数据

开播啦！从新农人到带货网红 / 常广喜著 . —郑州：中原农民出版社，2022.1（2023.7 重印）

ISBN 978-7-5542-2477-9

Ⅰ . ①开… Ⅱ . ①常… Ⅲ . ①视频制作 ②网络营销 Ⅳ . ① TN948.4 ② F713.365

中国版本图书馆 CIP 数据核字（2021）第 208018 号

开播啦！从新农人到带货网红
KAIBO LA! CONG XINNONGREN DAO DAIHUO WANGHONG

出 版 人：刘宏伟
策划编辑：张付旭
责任编辑：张付旭
责任校对：王艳红
责任印制：孙 瑞
装帧设计：贾 悦

出版发行：中原农民出版社
　　　　　地址：郑州市郑东新区祥盛街 27 号　　邮编：450016
　　　　　电话：0371-65788199（发行部）　　0371-65788690（数媒部）
经　　销：全国新华书店
印　　刷：辉县市伟业印务有限公司
开　　本：710mm×1000mm　1/16
印　　张：16
字　　数：223 千字
版　　次：2022 年 1 月第 1 版
印　　次：2023 年 7 月第 4 次印刷
定　　价：48.00 元

序 言

随着信息传播技术的日新月异，新传播格局为品牌传播与营销模式带来了全新路径，因此也势必催生新的产业格局。我们从"互联网+"到"短视频+"，再到现如今的"直播+"，短视频与直播开始在各产业落地生根，大行其道。看，一个网红达人可以支撑一个企业，有的甚至能支持一个产业在当地茁壮成长。在人人都是"媒体"的时代，视频大大降低了人际传播的门槛，直播也成为人人可以参与的自媒体形式，众多新农人入局直播电商，传播家乡品牌，销售家乡产品。这些产品价格可控性强、品质全程自控，新农人们不自觉间已具备了步入电商行业的优势：优质产品。除此之外，他们依托这些产品，进行乡村场景化的短视频与直播营销，内容可看、地方色彩浓郁、产品特点突出。短视频有流量，直播间也有流量，如果再加上个人生活化、趣味化的展示，平台赋予的流量就会不断升高，新农人成为带货高手也在情理之中了。

本书第一篇介绍了新农人入局短视频平台的基础知识。通过学习这一篇，新农人能够了解平台的运营逻辑，知道自己该朝哪个方向用力；学会拍摄与剪辑，形成原创生产能力；学会账号运营技巧，了解怎样做才能事半功倍；初识直播带货，掌握用账号创收的基本功。新农人只需坚持做，用乡土优势做内容，用乡土产品做创收，形成直播间流量与销量相互促进的态势。

在第二篇中，作者采访了抖音、快手、西瓜视频的头部乡村达人，他们遍布全国。这 20 位乡村网红分属六个大类，分别是乡村生活类、

美食类、技艺类、风光旅游类、区域文化类、人物 IP 类,基本涵盖了新农人的相关领域。

20 位达人,20 个超强模板。新农人面对的是乡村这个整体,是一个"面",而做短视频与直播要从"点"做文章。如何找点,如何形成独特魅力,20 位已经成功的乡村网红将带来最直接的参考模板。分门别类,照样学样,新农人做同款"乡村网红"将水到渠成。

我是一名新农人电商培训讲师,也是一名乡村记者。我希望通过本书带给新农人全新的传播路径与营销方法,让新农人在直播电商的红利期,逐步成为全国乡村振兴领域里的一股生力军。

本书出版之际,在此首先感谢各官方平台的大力推荐,我们可以从超百位"乡村网红"里优中选优,最终成功采访其中最优秀的 20 位。其次,我们感谢这 20 位网红,他们在繁重的直播工作之余,接受多次采访、核对,为本书提供一线的数据和经历。同时,感谢胡春帆老师给出的建议,也让本书更加有针对性,蔺子建导演关于拍摄、剪辑的建议,更利于新农人上手操作。最后,感谢设计师于富业在插图方面提供一手资料;直播带货专家刘玮、祁弘成等提供一线经验与操作指南。

目　录

第一篇　短视频与直播电商技巧

第二篇　新农人网红案例

第一篇

短视频
与直播电商技巧

"电商，在农副产品的推销方面是非常重要的，是大有可为的。"
——习近平在 2020 年 4 月考察陕西省柞水县小岭镇金米村时的讲话

● LIVE

1. 平台基础知识

红不红靠播放量，而你的播放量靠"算"

原来，受众获取内容靠"找"，现在我们看、听内容靠的是"推"，这个"推"就是推荐，支撑它的基础就是算法。算法是实现内容与受众之间智能化匹配的一种技术手段。

那么，一条内容推给谁，如何推？这是每一位要参与到短视频与直播的创作者必须要掌握的基础知识。了解这个机制，创作者就可以根据平台规则来生产内容、传播内容、运营内容、变现内容，实现内容价值最大化。简单说，平台算法的两端分别是"用户画像"与"内容画像"，中间靠"算法"实现智能匹配。

用户画像 指平台通过对一个用户的喜好、关注、习惯、轨迹等运算，实现对用户特点的智能化动态定位。涉及的用户个人信息包括：昵称、地域、年龄、性别、职业，以及用户阅读痕迹、关注内容、好友圈等方面，通过平台大数据智能运算，为用户属性进行数据化勾勒和分类。

内容画像 在作者上传内容后，平台根据标题、封面、内容中的字幕与音频等，进行智能化的理解。另外，平台把内容试推给作者的粉丝和周边的人，进而通过对这些人群的观看时间、评论、点赞、转发等数据进行综合的智能分析，确定这个内容可能适合的人群。

当"用户画像"与"内容画像"都具备之后，平台根据算法推荐机制，进行数量逐级递增的推荐，并呈现在目标用户的推荐页，这就是我们常常看到的推荐页和刷也刷不完的内容。

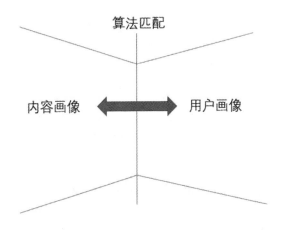

本节提示 ·))

1. 创作者要让平台清晰便捷地识别你的内容，比如你的内容文本的关键词、内容垂直度等，这是获取流量的核心。

2. 创作者要让平台足够地了解你。你的"人物画像"应足够准确，这包含了你的昵称、简介，你的点赞、评论等行为痕迹。也有人说，人物数据画像和自身内容没有关系。作者认为，在平台推荐时，有"相同喜好的人推荐"，当你的喜好与你的内容一致时，你就增加了一个推荐通道。

3. 专注你的内容，保持你在平台上的痕迹一致，尽可能让二者统一，让平台更准确地认识和了解你。

4. 与同类别的视频与直播互动，保持垂直，不断强化和丰富你个人的画像特征。

流量至上，尽全力争取流量

如果你的内容是一条小船，那么平台推荐来的观众就是水流，推荐的人数多少就是流量大小。流量有两种类型，一种是作者自身粉丝可以转化来的自然流量；另一种是平台的加权推荐流量。推荐流量匹配的重要参考指标是内容质量。除此之外，作者可以争取的流量还包括：推广投放、流量主转发等。其中，平台的"加权流量推荐"是每个作者都要学会理解和争取的。

获取"加权推荐流量"的指标：点赞、评论、转发和完播率。这四个指标中的任何一个指标突出都可能带来加权流量推荐，也就是平台突破你的粉丝规模，加大推广范围和数量的推荐模式。其中，转发量是加权流量权重值最高的指标。创作者想提高上述指标数值，需要了解四大指标的来源基础。

点赞　能够为受众带来认同和共鸣，就会带来点赞。比如：内心满足的点赞、正能量点赞、支持型点赞等。

评论　内容具备较强的话题感、冲突感是评论的切入点，要能够激发受众吐槽的欲望。比如：反问大家答案、抛出话题来引导，设立冲突感来刺激粉丝吐槽等。

转发　内容具有强烈的价值感和实用性，刺激受众产生分享出去的欲望。

完播率　指本条节目在整体播放量中播放完成的比率。完播率要靠精彩的内容和故事化的表达来提升，内容引人入胜，使人不能自拔。这就需要创作者做到前三秒抓人（如看点前置）、中间能留人（如悬念吸引）、最后能触动人（如反转触发），不浪费观众一秒钟。

本节提示 ·))

1. 内容为王。在互联网上，我们看到好多上热门技巧，其实核心就是做优质内容。优质内容即流量，有了优质内容再结合技巧才有上热门的可能性。作为乡村创作者，乡村的场景优势明显；独特的风土人情、真实可感的传统文化等，都可以成为创作素材。

2. 做短视频，不要过长，起始控制 14 秒左右，提升完播率。

3. 结合自身特点做好看点，看点前置；内容保持垂直，与定位一致，保持节目形式，这样平台才能为你贴上准确标签。

4. 坚持，不要急躁和走旁门左道，要用冰冻三尺之功，坚持下来就是胜利。

平台区别：快手、抖音、微视等大同小异

目前，主流的短视频与直播平台有快手、抖音、微视、全民小视频、西瓜视频、好看视频等。这其中快手、抖音、微视、全民小视频属 1 分钟以内竖屏为主的微视频平台，而西瓜视频、好看视频属于 1 分钟以上横屏为主的短视频平台。无论平台是何种形式，独特的形式感、精良的内容、生动有趣的灵魂表达是获取粉丝的三大基础。

快手粉丝前十垂类（由高到低）：幽默搞笑、音乐、游戏、美食、小姐姐、段子、舞蹈、生活百科、情感、萌宠。

抖音粉丝前十垂类（由高到低）：幽默搞笑、美女帅哥、音乐、美食、明星、游戏、舞蹈、情感、生活百科、萌宠。

据中国网络视听大会发布的最新数据（截至 2021 年 6 月），快手与抖音平台用户男女比例基本均衡，抖音女性占比略高。而在年龄结构上，40 岁以下人群是绝对主力，占比超九成，30 岁以下人群超过80%。

本节提示 ·))

1. 拍摄技术不够，却能够很好把握看点的，可以抖音和快手为主，他们以快节奏的节目形式为主。短视频与直播带货同步走起，能更好地实现自身的快速涨粉与变现。

2. 新农人应围绕自己产品定位，关注 35 岁以下人群喜好、习惯，内容与之相匹配。比如：围绕女性，做适合 35 岁女性的内容，情感点、共鸣点、话题点都要与之相匹配。

3. 如果自身特点不太清晰，又找不到合适的节目形式，建议在西瓜视频等平台运营账号，向生活 VLOG 模式发展，以记录个人或者与家人的乡村真实生活为主题展开创作。比如：人设为婆媳模式、父子模式、打野模式、技艺模式等。VLOG 式的生活记录同样要坚持垂直和形式统一，发挥个性。

●LIVE

2. 人设与形式

什么是人设？它为什么影响账号前途

　　人设是通过内容和账号信息表达出来的人格特征。网红常见特征就是清晰的人设和独特的节目形式。

　　我们常见的网红，比如卖口红的李佳琦，他的美妆主播身份一目了然；诗意乡村、文化乡村的李子柒，走田园文化路线，有厚重感。那么我们普通人，如何找到让别人认出我们的特征，并用内容表达出来，借助形式传递给观众呢？人设定位是第一步。

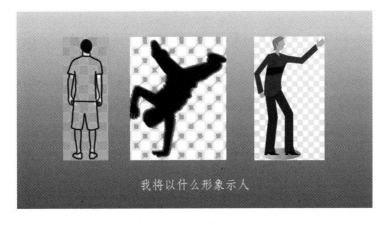

我将以什么形象示人

目的前置 我们确立人设，首先要确立目的，当有了一个标靶，创作者就有了立场。你是卖货，还是传递身边事，抑或是进行品牌传播，目的前置才能够更好地设计人设，明白用什么样的形式包装内容。

清晰定位 我们有了清晰的目的之后，就要完成定位的设计与安排。比如，我想通过账号卖农特产品，那么能够实现这个目的的途径多种多样。我可以通过美食、乡村旅游、乡村故事、乡村剧情、独特手艺等内容来找到目标客户。

结合强项 创作者并非在每个垂类都很专业，所以，解决定位问题的时候，作者一定要根据自己的爱好和强项来设定。你喜欢美食，就可以做有个性的美食号，你摄影技能了得，就可以做乡村旅游号、摄影技能号等。

确定人设 根据自身的强项与定位，明确用什么样的身份、符号来实现定位和表达定位，这个过程就是人设设计。比如：你要做一个美食号，你是"爱妻号"的情感美食，还是武松一样大块吃肉、大口喝酒的豪爽美食家。这些都是美食定位下的人设。

创作者必须通过内容不断强化和突显你的人设。你的强项让你的

人设的确立

目的清晰 ➡	定位明确 ➡	特征明显 ➡	形式强化
你将通过账号实现什么？	账号做什么内容，才能够实现目的。考虑特长与爱好。	人设是能够让人眼前一亮的设计，尽可能实现"唯一的自己"。	通过什么样的"筐"装下你的内容，强化人设，突出人设与内容。

内容更加专业，更有可看性。你的爱好让你走得更远，你可以真的把爱好做成自己的职业，最终将其经营成自己的事业。

这样一来，新农人确立人设的步骤就十分清晰了。

本节提示 ·))

1. 知己。了解自己的强项与爱好，结合目的确定账号定位。

2. 知彼。通过平台了解跟自己相近的人采用的模式，来作为参考。

3. 人设独特。符合自己个性特点，能呈现唯一的自己。尽量不普通，多用乡村场景、身份、道具，尽可能符号化自己。

4. 乡村创作者人设结合乡村独有的内容更容易获取流量。乡村独有的内容有乡村文化传承、手工艺与技能、品味美食、独特个人特点等。

5. 做唯一的自己。当发现别人都在用这个身份、这些形式做，立即放弃。为别人不能为，做别人所未做。

6. 模仿。真是万般无奈，如果找不到如何做唯一的自己的方法，那就找个类似的网红直接模仿，这也是快速的入门方法之一。

人设通过哪些端口呈现和强化

创作者确立人设之后，通过账号昵称等一系列输出端口展示。你的用户会通过这些初步了解你是一个什么样的人，决定是否关注你。这些端口包括：昵称、简介、头图、封面、标题等。

昵称 账号名称，可以表达目的、功能等，要有个性，尽量不用乱码或者图形符号。

简介 对账号昵称的补充或者诠释，用于强化人设。简介的内容

讲究个性化、趣味化，应做到朗朗上口、简单易记，有料有内涵，入目入心。这里尽量不要直接放电话或者微信号，一些敏感词注意回避或者"软化"。简介的呈现方式有以下几种主要类型：

直接表白型。账号简介直接表达账号运营的目的。比如："胖阿姨英语"的简介为"少儿英语口语训练，每天一句攒起来"。

阐释说明型。这类简介进一步介绍作者，尤其是突出其个性与特点，或者传递一种价值。比如："弥佳浆醋"的简介为"浆醋技艺传承人，只做纯粮浆醋"。

身份说明型。对有一定积累的创作者，可以在简介中介绍自己的身份与该账号的直接定位。比如，"李村长在线"的简介为"乡村情感专家，心理咨询助乡亲"。

头图　点开你的头像，进入你的个人主页，主页最上面的一张图是账号的形象墙，可以通过自己设置进行直接更改。根据人设选择有相关性的图片，也可以搭配上文字。比如："你高兴了就关注一下"；"进来——这是×××的聚集地"等。

封面　创作者发布内容后，根据系统提示，需要为这条内容设置一个封面。在点开视频前，首先看到的是封面。封面好比一条内容的"脸"，要能够被人识别，吸引用户点击进来观看。这就需要封面信息有故事、有张力、有悬念。封面上也可以制作压图标题，但是，尽量不要超过6字。注意，账号要与封面、压图标题保持一致。

标题　也叫文案，当你发布内容的时候，要附加内容介绍。这个介绍往往容易被新手忽略，认为可有可无。其实，标题是可以很好补充和解释你的内容的，而且还可以为平台算法提供足够多的识别关键词，让平台更加精准地认识你的内容，进而智能、准确地推荐给目标人群，实现播放转化的最大化。

另外，优质的文案还可以提升获得加权推荐流量和上热门的概率。

内容　指通过视频表达出来的具体信息的整体。平台通过智能化计算，能够很好识别你的声音内容与画面内容。当你上传视频后，平台推荐的音乐，就是根据这个识别为你推荐的。内容通过形式来表达，形式来为内容服务，两者缺一不可。

内容里特别的开场、口头语等也可以成为最佳的符号化端口。比如：口头禅、固定语、开篇语、结束语等。这些语句设计时一定要突出个性、短小精悍。有的作者甚至直接把名称作为结束语，趣味化加工，比如"关注'好嗨哟'，我们一起到达人生的巅峰"等。

本节提示 ·))

1.借助乡村独有的场景、背景、物件、工具等，包装账号。

2.设计走两端，要么倾向于特别有乡村感；要么倾向于特别华丽的都市感，形成强烈反差，一定杜绝中性。

3.人物形象向乡村人物靠拢，比如"村长"、妇女队长、媒婆、货郎担儿等；或者影视剧中的乡村符号化角色，比如高老庄高翠兰、菜园子张青等。同时，这些人物特征需要与你的目的相一致。河南太康县几个农民，分别取名"农民宋江"、"农民鲁智深"等，就是一个不错的选择。

4.一定要用好乡村道具，如扁担、木桶等，形成个人的标志性符号。

5.人物说话表达风格倾向夸张式的老实、朴实、直率（例如河南伙计久久中的二蛋儿），这样才有戏剧化效果，仅仅表现出农民的一些特征，就真的成了普通农民。

6.表达内容多学会善用言、歇后语、俗语。

7.人设记住一句话：做唯一的自己，让别人想认识你。

 ## 节目形式与人设加强的办法

节目形式是组合内容的特定载体和结构框架。如果把内容比作"瓜果梨枣"，那形式就是装他们的"篮筐钵匾"。

节目形式的元素有视觉、听觉、时间、空间、技术等。比如视觉方面固定的场所、服装等，听觉里的叫声、语言等。

短视频的内容形式有时会表现强烈的流程模式：人物、场景、情节、服装、化妆、道具，以及音乐、灯光、对话、视觉风格等。在短视频的网红里面，大家经常会用到的是声音和画面。比如河南网红"小阿GIAO"，这个音就是他给自己的声音标识。"本亮大叔"的画面风格就是在乡村的背景里弹着吉他，旁若无人地尽情高歌。

形式比起内容更能够标识主体。比如：在电视领域，歌唱PK的内容，我们可以看到多少种表现形式呢？中央电视台的《青年歌手大奖赛》、湖南卫视的《超级女声》、上海卫视的《妈妈咪呀》、浙江卫视的《中国好声音》等。这些节目内容都是歌唱PK，但是环节与形式设计各有不同，这也就造就了各个平台的节目优势，形式的功能和作用就不言而喻了。

在乡村节目形式里，我们按照内容分类，给大家提供一些可借鉴的网红形式。

乡村美食类：农村会姐、山药视频、甩锅队长、雪茸堂、胖胖夫妻等。

乡村文化类：李子柒、河南兄弟久久、爱笑的雪莉吖、浪漫侗家七仙女、泥巴哥腾哥等。

技术技艺类：拉面时哥、山里木匠、乡村民宿、创手艺、山村小林、守艺小胖等。

生活VLOG类：华农兄弟、泥土的清香、四哥赶海、农村土鸡蛋妹、农村胖大海等。

独特个性类：石榴哥、手工耿、神经哥、养蜂人阿亮、安塞腰鼓三哥哥等。

本节提示 ·))

1. 创作者可以在大数据平台下（如飞瓜数据、星榜等），查询和借鉴热门账号、热门视频的形式，以获得灵感。或在抖音、快手"搜索栏"查看热门内容、音乐和产品。

2. 借鉴网络、电视节目里的某一个节目的形式。比如，手偶介绍形式、人物纪录片形式、常见娱乐节目形式（比如《声临其境》）等，甚至一些广播节目形式，例如河南广播电台的《暴躁杨一喷》的人设与形式等，都可以拿来借鉴。

3. 新闻报道、影视形式中的一个亮点也可以拿来借鉴，并把这个亮点当作节目主形式，一直坚持下去。

4. 形式上多建立冲突感，融入趣味元素。乡村田间地头、村头巷尾等都可以当作节目形式的一种元素固定下来。

● LIVE

3. 拍摄剪辑基础

 拍摄设备的选择：便捷、可靠、对路

拍摄设备

我们常用的拍摄设备有摄像机、相机、手机。在乡村短视频创作领域，一台配置比较高的智能手机已经足够使用了。

在用手机拍摄和直播时，创作者有时会用到收音设备，这个网上几百块钱就可以购买到，实现无线音频的收集，不再担心收音距离给音频效果带来的不利影响。

在乡村旅游方面，创作者会比较多地用到航拍设备，这个需要有驾照，并且需要较长时间的练习。在此建议，先购买一个玩具类的进行练手，也就几百元钱花费，熟悉各项操作后购入正式机型。建议购买设备价格不要太高，新手炸机风险高，尽量购置有壁障功能的航拍设备。注意：不允许破解定位屏蔽！

拍摄完成后，手机素材可以直接剪辑，而航拍素材需要转化格式导入手机，才可以实现剪辑。这时，我们就需要用到格式工厂这个软件，一般情况下参数选择如下：MP4 格式，编码选择 H264 模式，720P，屏

幕大小选择"自动"即可。

稳定设备

镜头模拟的是人的眼睛，因此，拍摄的镜头一般要求横平竖直，稳定匀速，这样最接近人的观看习惯，节目特别需要的晃动除外。

在我们创作过程中，摄像机类的稳定设备形体较大，价格一般也比较昂贵。我们新农人创作过程中，可以使用手机的稳定设备，包括简易三脚架或者三脚支架，手持手机云台等。手机三脚支架几十元钱就可以满足大多数情况的拍摄需要。

直播过程中，新农人可以采购一台三机位的直播美颜灯，预算在400元左右。

剪辑设备

新农人剪辑设备建议使用手机安装的剪辑软件，比如剪映、快影等，这些软件已经非常智能，掌握基本的剪辑规律之后，即可快速上手。

本节提示 •))

1. 拍摄设备。新农人使用自己的智能手机即可，有条件、有团队的可以选择使用更专业的拍摄设备。

2. 稳定设备。可以购买带三脚架的自拍杆，投入二三十元即可使用。日常尽可能使用固定点拍摄来解决稳定性问题。

3. 需要熟悉手机剪辑软件，新农人创作者可以先拍摄介绍村庄老屋、庄稼作物、邻居二婶、乡村特产等不同选题的短视频进行练习。

拍摄基础知识（一）：景别，决定画面细节

由于摄像机与被摄主体的距离不同，被摄主体在摄影机录像器中所呈现的范围大小就有区别，这就是景别。景别是相对的，我们放到不同的环境中，能够发现对应的景别。

景别名称	定义	功能
大特写	放大局部	突出特点
特写	局部	特点
近景	主体	个别
中景	个体	环境中的个体
全景	环境中的个体	个体与环境
远景	人的环境	人所处的环境
大远景	环境	人融入环境

景别不同表意不同，引起观众心理反应不同，并形成不同的节奏。全景容易出气氛，用于介绍环境等；特写出情绪，一个细节点的表意更加精准；中景是表现人物交流特别好的景别，这类似于人眼正常的视觉范围；近景是侧重于揭示人物内心世界的景别。

景别组接能够明确表达情绪。创作者由远到近地组合镜头时，越来越关注到一点，把人的情绪凝结，这和画面越来越高涨的情节发展相辅相成，适用于表现愈加高涨的情绪；创作者由近到远的组合形式，被

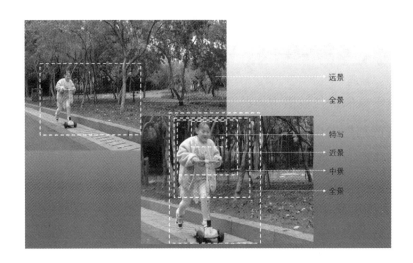

拍摄主体逐渐隐于大环境，适用于表现愈益宁静、深远或低沉的情绪，并可把观众的视线由细节引向整体。

 拍摄基础知识（二）：构图，呈现主体和美感

构图是对拍摄主体进行画面布局，使画面更加突出主体，提升其审美价值。

一个基本的构图有三个参考指标，第一个是有重点，画面主体很明确；第二个是画面简洁，尽量去除杂物；第三个是画面具有内涵，使画面有故事、有意境、有深意。我们常见的构图形式：

三分法构图（九宫格、黄金分割线、井字形构图）：简单方便。

中央构图：严肃，正式，略显呆板，突出主体，是一种常见的方式。

对角线构图：让画面生动，引导视线，适合拍摄建筑、人物等。如科幻电影中的宇宙飞船。

对称式构图：画面平衡、稳定，适合拍摄水面或镜面倒影，对称的建筑和道路。

三角形构图：稳重可靠，适合拍摄建筑。

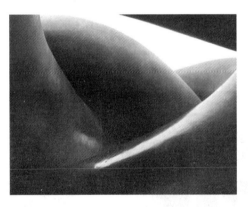

曲线构图：延伸引导视线，有空间感，适合拍摄道路、河流、人物身材等。

引导线构图：汇聚焦点，增强纵深感。

框架式构图：利用框架，引导视线。

极简构图：将杂物彻底去除，精简到极致，容易做出大片的感觉，作品一般都很养眼。

拍摄基础知识（三）：光线和角度

光线

摄录是光影的艺术，光线可以勾勒出千姿百态的事物。光线可以
照亮拍摄主体，让主体轮廓、特征更加明显；光线还能表达情绪，使画
面更有内涵与张力。拍摄时常用的光线分为自然光、现场光、人造光、
混合光。我们按照光线的方向，可以分为顺光、逆光、侧光、斜侧光、
顶光。

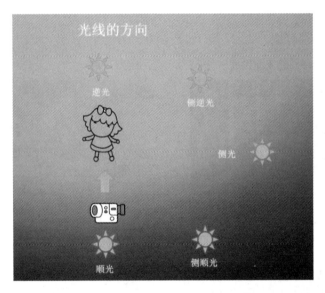

顺光　光线顺着镜头的方向照向被拍摄主体。这样的用光照片，
主体的阴影都被挡住，保留更多的正面细节，这样拍摄的难度不大，
一般初学者顺光用得比较多，但缺陷就是比较严肃，不够生动传神。

逆光　光线正对着镜头，被拍摄主体阴影正对着摄像机，常常用
来拍摄人的剪影。如果恰当补光，被拍摄主体的轮廓线将更加清晰，层

次感较强。

侧光　光线正好垂直于拍摄方向，这会使被拍摄主体突出部分形成细长的影子，明暗各占一半，让画面更加具有表面质感、空间纵深感和立体感，勾勒出被拍摄主体的形态，特别具有张力。

角度

不同的角度有不同的发现，可以拍摄到不同的内容，这就是拍摄角度的作用。当创作者要表达一个内容，感觉画面表意不够清晰，画面美感不够时，可以来回走走，找找角度，找找光线，就可以从中筛选自己所需要的镜头。

平角　又称为一般拍摄角度，是将对象物体置于与摄像机镜头水平的位置上进行拍摄。这个角度拍摄者与被拍者地位平等，容易使观众产生认同感，让人置身其中。

仰角　将对象物体置于水平线以上，也就是从低处向上仰角拍摄。这种角度会让观众产生一种被摄主体形象高大、强壮、精力充沛的感觉。这种角度一般用于人物场景、建筑场景等拍摄，显得被拍者高大、英武。

俯角　与仰角相反，用俯角拍摄时是将被拍摄物体置于摄像师的视平线以下的位置，从高处往下拍摄。最典型的场景就是鸟瞰场景。一般用来展示环境的全貌。

倾斜角　就是先将拍摄物体与视平线形成一定的角度，再改变取景框中的水平线的位置，使其不再平衡。这种角度有时可以展现滑稽、捉摸不透的感情，画面相对活泼一点。

主观拍摄角　也就是主观镜头，就是将摄影机置于模仿某个人物眼睛所能看到的范围的拍摄角度，以人物的感受向观众交代场景，带着强烈的主观色彩。

客观拍摄角　相对于主观镜头来讲，以客观拍摄角度拍摄，尽量从客观角度来叙述和表现内容，不加入个人感情色彩，画面内容较为冷静、从容，往往能带给观众一种客观的印象。

拍摄基础知识（四）：稳定性，符合正常视觉习惯

镜头既可以满足人眼的观看习惯，又可以超出人眼的视觉限制，达到最佳的视觉感受。在这个过程中，除非是特别创作的需要，镜头通常都要保持横平竖直，稳定平滑，这也是拍摄技术中最基础的要求。

人身稳定法　双脚分开站立，双肩自然放松，手持拍摄设备，转动时以腰部为轴自然带动上身，上身带动摄像设备实现镜头转动。当需要一个长且稳的镜头时，有时需要屏住呼吸，或者小幅度呼吸，以避免胸腔起伏带来的手臂晃动。

支点稳定法　当拍摄场景附近有位置固定的物品或者设施时，比如桌子、凳子、墙壁、灯杆等，可以依靠物体，实现镜头拍摄的稳定性。

有时，创作者也可以把手机摆在固定位置，避免手持，也可以实现较好的稳定性。

设备稳定法　我们常用的稳定设备有三脚架或者支架、手持手机云台、直播灯等，这些都具备良好的稳定性，而且简便宜操作。

桌面简易支架　　普通三脚架　　手机稳定器　　直播环灯+支架

镜头的类别

镜头分类

镜头按时间长短分为长镜头和短镜头。长镜头是指连续地用一个镜头拍摄下一个场景、一场戏或一段戏，以完成一个比较完整的镜头段落，而不破坏事件发展中时间和空间连贯性的镜头。短镜头是一个镜头表达单一场景，经常与其他镜头一起表达一个完整的意义。

运动镜头的使用

运动镜头第一个画面叫起幅，最后一个画面叫落幅，起幅和落幅构图与表意应清晰，拍摄之前要提前计划并尝试好起幅与落幅的构图位置，最后直播拍摄。

推镜头——指被拍摄物体不动，画面由大场面连续推到小场面的拍摄方法。如镜头从一座山推进到山上的一座庙。推镜头能够很好地表达主体、描写细节，有时用来制造悬念，常用于故事开头。

拉镜头——拉与推正好相反，被拍摄主体不动，是画面由小场面连续过渡到大场面的拍摄方法，把被摄主体在画面中由近到远、由局部到全体地展示出来，常常用来表达一个主体与其所处的环境。拉镜头由近及远，由小到大，能够让人产生宽阔舒展的感觉。

摇镜头——摄像机的位置不动，只做上下或者左右摇动的变化，把拍摄场面进行展示，常常用来表达空间感、被摄主体之间的关联性等。如左右摇表达会场壮阔的人群，上下摇表达高塔的整体等。

摇镜头

移镜头——移就是移动，是指景物不动，摄像机沿水平进行各方向移动，并同时开机拍摄。通常把摄像机放在轨道或移动摇臂上来实现移动镜头的拍摄，移动镜头具有强烈的动态感和节奏感。

跟镜头——摄像机始终跟随被摄主体进行拍摄，使运动的被摄主体始终在画面中。跟镜头能够连续而详尽地表达运动中的被摄物体，流畅自然，有强烈的叙述感。

升降镜头——指摄像机上下运动进行拍摄。我们使用航拍器时常常用到这种镜头，它能够表达宏大的场景。

甩镜头——摄像机移动的速度非常快，从此景迅速甩到另一景，两

景之间的景物也连续显示，但基本都看不清。甩镜头用于表现内容的突然过度，有时也专门拍摄一段向所需方向甩动的流动影像镜头，再剪辑到前后两个镜头之间，以反映两个镜头的连续性（注：是在同地点、同一时间拍摄的）。有时，我们也可以把中间过程进行快放，制造出甩镜头的节奏感和动态感。

本节提示 ·))）

1. 结合乡村影视剧片段，逐个镜头进行画面景别、构图等方面分析，了解基本概念。

2. 模仿影视片段进行实地拍摄，调配人、物、场、光，保持景别构图一致。

3. 在微视频创作时，不需要太多的镜头变化。但是，当内容需要提质、增加内涵时，创作者的基础理论就能起到强有力的突破作用。

剪辑语言

逐步式组接

这种景别变化方式是递进形式的，基本分为两种类型。

远离式（由近及远）——特写、近景、中景、全景、远景。

接近式（由远及近）——远景、全景、中景、近景、特写。

这种排列组合变化方式是一种比较有规律的处理方式，它是以人眼正常观察事物的视觉习惯作为依据的。创作者又可以把前者称作"后退式句子"，而后者称作"前进式句子"。但它并不是说创作者在进行任何镜头的组接时候都要构成这种关系，这只是镜头剪辑过程中一种基本镜头景别的变化方式或风格。

接近式剪辑

跳跃式组接

这种景别的变化是跳跃式的，它可以是由远景直接接中景再接特写，远景直接接近景或者特写的跳跃，也可以是由特写接中景再接远景，特写或者近景直接接远景的跳跃，也可以是别的并非相邻的景别接续形成的。这种跳跃式的方式在艺术创作中运用较多，也正是由于景别跳跃式的方式符合空间关系和心理关系，因而更具有视觉变化特征。

剪辑类似于我们用文字写文章，一个镜头就是一个"词"，多个镜头组接就是"句"，成组的镜头组接表达一个相对完整意思构成就是"段"，一段一段表达完整内容时，这就是"篇"。每个短视频都是一个完整的"篇"。所以，创作者在创作过程中，要根据自己表达意思的需要，在符合基本剪辑规律基础上，进行"词""句"的使用，进而将它们组织成"段"和"篇"。

在跳跃式组接镜头时，不同幅度的景别跳跃变化将会对片子节奏、视觉效果产生不同的影响。比如，频繁跳跃就显得活泼一点，镜头长度较小，快频道切换，就有紧张感。这样也就形成了片子的整体风格、导演风格、对环境和空间的表现以及叙事风格。

跳跃式剪辑比较生动，能够形成较强的视觉效果和视觉悬念。这和逐步式组接不一样，逐步式组接会让观众能够预先感知下面的镜头

将是什么样的形式，相对比较呆板。

本节提示 ·))

1.一般情况下，不能把既不改变景别又不改变角度的同一对象的画面（"三同"镜头）组接在一起，否则会产生视觉跳动。

2.组接同一被摄对象的画面时候，通常在景别上要至少保证一个变化幅度（如近景到中景或者中景到远景），或者拍摄角度变化 15 度以上，才能避免这种视觉上的跳动。

3.如果在素材当中没有合适的镜头进行组接的话，可以在后期中使用一些淡入淡出效果，或者用在这样的镜头中间增加闪白等方法来组接。

4.新农人初期创作时，建议使用长镜头进行叙事，熟练掌握剪辑规则后，可以用丰富的镜头语言来表达和创作。

剪辑软件

目前，在电脑端，我们经常看到的剪辑软件有电视制作常用的大洋、新奥特等，影视行业常用的专业软件有 Adobe Premiere、Edius，以及绘声绘影等。上述软件需要一定的剪辑基础，功能强大，比较专业，对一般创作者来讲门槛较高。

在移动端，常常使用到快影、剪映、VUE 等 APP，这些软件智能化程度比较高，提供的工具丰富，一定程度上突破了专业化的壁垒，并且在手机上就可以快速剪辑和输出，非常方便我们进行较短节目创作，剪辑一些镜头比较单一的节目使用这些 APP 更加便捷。当我们要进行复杂的、精确的剪辑，我们就需要用到专业软件。在这里，我们主要给大家介绍手机端的 APP，如快影、剪映、VUE 等。这些软件大同小异，本书以剪映为例介绍基础的使用方法和技巧。

剪辑技能（一）：导入素材

剪辑节目前，先把手机拍摄的或者下载的视频进行导入。点击"导入素材"，可以进入相册的视频列表，创作者可以选择"视频"，也可以选择"图片"，导入后即可开始剪辑。

导入素材后，可以根据节目的时间先后顺序排列，当有多段素材导入，需要重新排序和剪辑时，可以长按素材，进行前后拖曳即可移动素材位置。

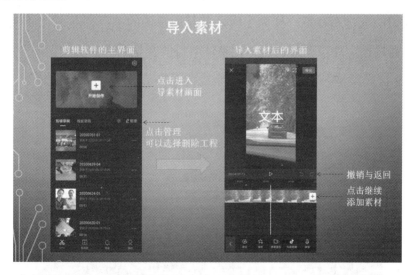

素材的比例：一般手机竖屏宽高比例是 9：16，西瓜视频与电影一类的则是 16：9，也可以根据自己需要调整素材的宽高比例。

剪辑技能（二）：剪辑视频的功能使用

分割　把时码指针放到相应的位置，点击"分割"，一段视频就分为两段，我们也叫把一个镜头剪辑成两段。根据节目需要，保留选取的片段，删除不需要的视频即可，这就完成了一个最简单的剪辑。

变速　点击"变速"后可以看到"常规变速"和"曲线变速"，前者可以对整段素材进行快放和慢放，后者可以实现有节奏快慢不一的变速。我们也可以截取一段视频实现快慢速的变换。

音量　点击选中的素材，可以调整横线上的音量调节点，进行"音量"大小的改变。创作者也可以把音量调整为"0"，这时只使用画面。当我们的素材声音不一样大小时，就是通常说的"声音不平"，创作者可以通过逐个片段调节音量，把整体节目的音量调平。

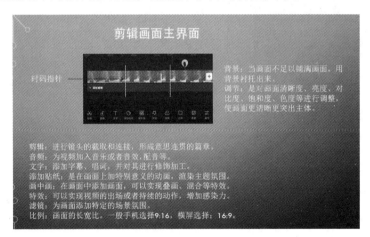

动画　对镜头的入场、出场进行动作处理，也可以组合使用。

删除　对选中的素材直接删除不用，留下有用的素材。

编辑　可以实现对素材画面的旋转、镜像、裁剪处理。有时拍摄颠倒了，可以通过"旋转"调整正常视角；"镜像"是对视频进行反转，这时有文字的画面时，文字会出现反字现象；"裁剪"是对视频素材的宽和高进行裁切，如同裁切图片一样。有时，我们可以通过视频剪切，再调整画面比例，实现镜头的流畅衔接。

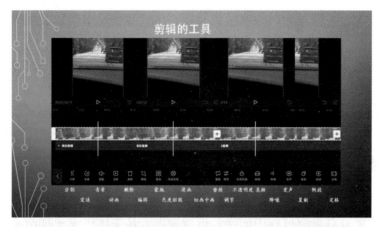

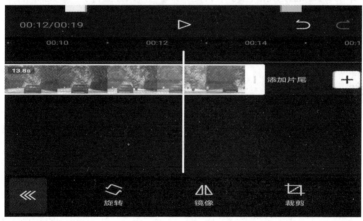

蒙版　使用蒙版时，可以保留图形中的画面，还可以调整边缘的羽化，把蒙版素材更好地融入背景当中。我们常见的"脚上接个手"的节目就是用的这个功能。

色度抠图　当我们素材有单一的颜色，可以选择色度抠图，把这一色彩抠去。我们也可将背景设置为纯色，抠色后实现背景的任意替换。

常用的是蓝布和绿布。

漫画　可以实现对画面的漫画风格化处理。

切画中画　剪辑过程中，重新回到画中画模式，进行剪辑。

替换　该段素材要替换，可以点击后选取目标素材替换即可。

滤镜　实现对画面的风格化处理，达到滤镜预设模板的效果。

调节　对画面清晰度、亮度、对比度、饱和度、色度等进行调整，使画面更清晰、更突出主体。每个调节的子项都可通过调节点进行数值大小的校正。

不透明度　调节画面的不透明度，半透明时可以与背景融合，呈现叠画效果。

美颜　对画面中人的面部进行美化处理，比如磨皮和瘦脸。

降噪　对录制过程中的噪音进行处理，让主体声音更加清晰。

变声　把原始声音进行处理，变为男生、女生、萝莉、大叔等的声音。

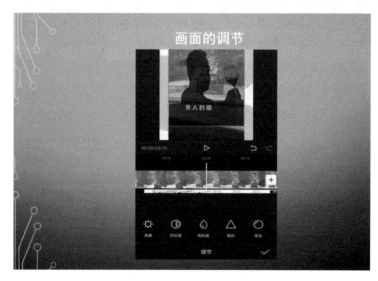

复制　复制该镜头，点击后直接在选中素材后插入，节目需要重放一个重要镜头时会经常用到。

倒放　使原来的动作倒着播放，比如水倒流、人倒走等效果。

定格　时码指针位置的画面定格成为图片，用相机特效时常常用到。相机使用时动作画面和定格画面中间要有时间差。

当你认为两段素材前后衔接不舒服时，可以看一下是否符合镜头的剪辑规律和基本的组接要求。

本节提示 ·))

1. 动接动、静接静：运动素材接运动素材，静止素材接静止素材。

2. 同景别、同方向镜头不接，否则容易产生跳帧的不适感。

3. 运动镜头相接，运动方向一致，忌讳上下、左右摇摆。

4. 准确找到剪辑点，尤其是镜头中的动作要完整；比如有人招手，就要让手招起。

5. 素材声音太杂，干扰叙事主线，可降音量或者用音乐铺满。

6. 镜头长度决定节奏，激烈时多用短镜头，舒缓时多用长镜头。

7. 每一个镜头组接都要有目的性，你要清楚自己的表达目的。有合适的理由就剪切，有信息或情感的表达需要就剪切。

8. 避免重复镜头，除非有特别的指出需要。

9. 避免让观众迷惑，尤其是避免黑夜白天、空间方位等来回转换。

10. 真正的成功剪辑是让观众只注意镜头表达的内容，一组镜头表达的片段，而不是让观众了解到你在剪辑。因此，高手剪辑通常不用特效等手法。

11. 当实在需要处理两个镜头的衔接时，在两个镜头中间，你会发现有一个白块，点击后可以进行特效转场的模式选择。

12. 画面调节用到"调节"，新农人创作时，村庄景物可以适当调节对比度；人脸发黑时可以调节暗区参数值等，让画面更加清晰、自然。

剪辑技能（三）：插入音乐

视频是声音和画面的艺术，视频剪辑完成，音乐和音效添加又很合适，节目会让人眼前一亮；声音效果一般，去掉后又不影响节目表达，这就是失败的声音添加，此时，多不如无。

视频添加声音，包括添加音乐、小音效、配音、现场声等，可以很好地起到烘托节目主题，突出看点，提升场景氛围，强化节奏等效果。添加声音的 些思考路径如下：

先定类型 视频整体氛围是什么风格就寻找什么风格的音乐。比如视频表达了动感，那就用节奏型音乐；表达风光就用空灵唯美类音乐；表达快节奏的喜感，那就用轻松型音乐。

再选片段 选定类型，音乐的节奏与素材和剪辑节奏相对应，就可以试听不同的音乐，找到目标音乐素材。

对应剪辑 音乐选取后，从中选择时长合适、有头有尾的片段作为视频主音乐，然后进行画面的对应剪辑，实现画面与音乐的节奏统一。

新奇特思维　除了增强氛围与节奏外，音乐的添加也可以向反差、搞怪、趣味方向思考。比如反差型，我们经常刷到给懒媳妇端饭的短视频，配的声音是戏曲的唱词：我的那个贤妻啊，贤惠得很，你是那千里挑一的贤良的女人。

添加音效　当创作者表达吃惊、鼓掌、高兴时，音效里面有众多类型可以选择。在视频中的一些细节点需要突出时，或者结尾需要强化时，创作者可以通过添加音效来实现。

添加配音　创作者可以选择提取声音，提前用手机拍摄你的配音视频，把声音提取出来；也可以直播按着录音键实现录音匹配。有时候普通话不标准，还需要配音，这就麻烦一点，创作者先把需要配音的文字打成字幕，然后点击字幕选择"转化为声音"，有众多声音类型可供选择。

声音的添加一定要增彩，可加可不加就不要加。

本节提示 ·))

1. 声音可以很好地起到补充画面、增加节目情绪、营造氛围的效果。因此，乡村的一些特殊场景可以尝试加入乡村特有的音效，比如鸡鸣、蛐蛐叫、狗叫、乡村呼唤等。

2. 新农人创作配音无法很好实现目标的，可以尝试使用"文字转化声音"。

3. 能够引起人们回忆的乡村特有的声音场景能够带来不错的流量：乡村大喇叭场景音效、乡村叫卖吆喝声（常见到的短视频如"卖豆腐声就是这样"）、乡村哼唱戏曲老人声音等，这些声音你可以在有声音的情况下录成视频，然后再提炼出来即可，录制时周围声音不能太吵。

 剪辑技能（四）：添加唱词或者字幕

"文字"有四个选项：新建文本、识别字幕、识别歌词、添加贴纸。

新建文本　需要使用什么文字来表达补充画面信息，可以用"新建字幕"来实现，还可以调整字幕的位置和效果以匹配画面。

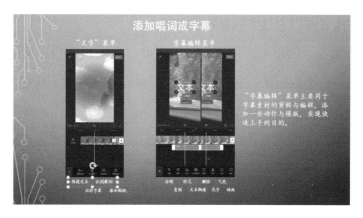

识别字幕　对视频中人物语言、配音等声音内容的智能化转换，将语音转文字字幕，并实现与音轨的匹配。

识别歌词　对视频中的歌词进行文字转化，并与伴奏同步出现。

添加贴纸　在画面上添加一些艺术加工的模板信息，有众多门类可供选择。

字幕新建后，点击字幕轨道，出现字幕编辑菜单，包括：分割、样式、复制、文本朗读、删除、花字、气泡、动画。

分割：指对字幕进行切分选取，然后筛选出需要的部分。

样式：指对字幕的字体、样式、颜色、描边、阴影等进行调整美化。比如字幕的描边，就可以通过拖曳调节点，实现宽窄的变化。

复制：可以直接把选中的音频轨道复制出来。

文本朗读：可以对字幕输入内容进行人格化的转化，这也是配音实现的一种方式。

删除：对选中的文字轨道直接去除。

花字：各种花样的字体模版。

气泡：为字幕加上不同风格装饰画。

动画：字幕出现、退出、呈现时的动画模式。创作者通过设置，使字幕在出现、退出、呈现时有不同的动作和花样。

本节提示 ·))

1. 使用这些效果时，避免华而不实、炫酷却无内涵的表达，这些工具使用的核心是为内容服务，不要为加效果而加。

2. 人的话语、唱词要方便识别，尤其是普通话要标准。

3. "贴纸"不一定是文字才能使用，有时视频镜头中一些地方需要突出，这时使用"贴纸"选项，再调整好位置，添加小音效，也能够完美地实现表达目的。

比如：一个画面中人的背包需要提示，这时，可以用贴纸里面"画圈"的一个效果，红色的圈会在你需要的位置和时间内，把这个包给圈起来。

剪辑技能（五）：转场与特效

无缝转场

剪辑时不同的场景镜头之间衔接时就需要转场镜头，也叫无缝转场。比如从室内到室外场景转换，就需要转场镜头。

转场镜头的类型有特写转场、声音转场、遮挡镜头转场、主观镜头转场等。

特写转场　特写镜头是万用转场镜头，拍摄时需要提前拍摄好素材。

上下两个相接镜头中的主体相同，通过主体的运动、出画入画，或者是摄像机跟随主体移动，从一个场合进入另一个场合，以完成空间的转换。这时利用上下镜头中主体在外形上的相似完成转场的任务。

上下两个镜头之间的主体是同一类物体，但并不是同一个，假如上一个镜头主体是一只玻璃杯，下一个镜头的主体是一只另外一个主人公手里的保温杯，这两个镜头相接，可以实现时间或者空间的转换，也可以同时实现时空的转换。

利用上下镜头中主体在外形上的相似完成转场的任务。比如前一个镜头落在手掌上，后一个镜头落在雕塑手掌上，完成相似主体的转场。

声音转场　声音转场是用音乐、音响、解说词、对白等和画面的配合实现转场，是转场的惯用方式。声音转场的主要作用是利用声音过渡的和谐性自然而然地转换到下一画面。其中，主要方式是声音的延续、声音的提前进入、前后画面声音相似部分的叠化。

遮挡镜头转场　遮挡镜头转场是指在上一个镜头接近结束时，被摄主体挪近直到挡黑摄像机的镜头，下一个画面主体又从摄像机镜头前走开，以实现场合的转换。上下两个相接镜头的主体可以相同，也可以不同。

主观镜头转场　主观镜头转场是指上一个镜头拍摄主体在观看的画面，下一个镜头接转主体观看的对象，这就是主观镜头转场。主观镜头转场是按照前、后两镜头之间的逻辑关系来处理转场的手法，主观镜头转场既显得自然，同时也可以引起观众的好奇心。

特技转场

当没有转场镜头时，常常用特技实现转场。

特技转场主要是通过点击镜头交接处的白色块，这时会跳出不同的选项，创作者可以有针对性地进行转场特技设置。

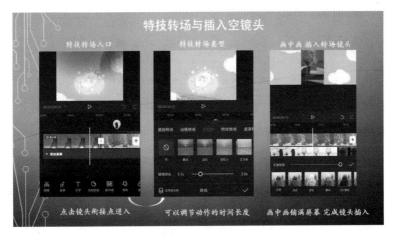

这其中的画中画模式转场是手机端独有的。当我们录制一段 30 秒的视频，其中有两个地方需要掐掉一些，这时就出现镜头衔接上的不流畅，怎么处理呢？这就用到了"画中画"。我们提前拍好该场景的不同景别的素材，然后点击"画中画"，导入上述素材，"混合模式"选择"正

常"，把导入的画面放大到屏幕大小，声音归零，这时就完成了这个断点的处理。

创作者也可以截取一段镜头，把这段镜头放大到特写，实现不同景别的转场。不过，这时的画面素材会出现失真和模糊不清。

常用小技巧

在我们剪辑时，剪辑软件也会提供一些剪辑模版，这就是"剪辑同款"。直接点击进入，导入素材按照画面提示的要求进行即可达到同款视频的剪辑效果。

照顾情绪点　剪辑时，节目能够让人产生喜、怒、哀、乐情绪变化的地方就是情绪点。这些地方适合进行快放、重放、慢放、贴纸指引等进行强化，再搭配音乐、音效或者特效，节目立马上升一个档次。

控制节奏点　人的情绪有起伏，节目呈现也应该有起伏和快慢的变化，这就是节奏。比如，你伤心落泪，可以适当慢放擦眼泪动作，搭配音乐就会收到良好的节奏感，让人的情绪融入其中。

突出细节点　在编辑时，我们把细节点留好、留足，细节点可以使人的注意力高度集中，在拍摄时提前做好设计，以方便剪辑时使用。比如：拍摄人拿错物品引发冲突这个细节，就需要镜头给予"拿物品"环节更多照顾，有时也可以直接拉大画面突出细节点。

一个 20 秒的小视频，你只需要把一个看点充分展示好，这就是一条好视频。

字幕不要重复内容　添加字幕时，不要重复主角的话语，而是要引申或者有新发现，或者更好地补充画面，更好地强化看点，这样的字幕才有意义。

本节提示 ·)))

　　1.花里胡哨不是看点。盲目使用特技、音乐、转场、动画、滤镜，视频花里胡哨，掩藏的是实质看点的缺失。

　　2.这些形式上的东西是要为内容服务的，如果不能突出你的看点，不能够服务你表达的中心，那就正常表达。

　　3.好的节目有看点、有节奏、有细节、有悬念；好的剪辑是创作者把内容完美表达出来。

● LIVE

4. 账号运营

　　一个账号注册完成后，就需要进行具体的内容运营，实现内容播放量的最大化和粉丝的快速增长。运营是一个过程，也是对运营者创新能力、耐力的考验，多数初学者坚持不到一个月，只有少数实现了粉丝过万。

优质内容的四个维度与维护加强

　　为什么平台为你推荐流量

　　平台会根据你的内容进行大数据分析，为你的内容属性进行定位。这就是内容数据画像，是平台对创作者内容的类型、长度、适合年龄人群等方面的数据分析。然后，平台再根据各个用户的大数据，包括爱好、职业、点击习惯等参数，完成人物数据画像。

　　平台将根据内容画像，匹配推荐给用户画像相关的用户，这个计算过程就是算法，前面已经有所阐述。

　　在一个用户的内容上传后，平台首先进行试推，推荐的对象是创作者的一部分粉丝和平台算法推荐的用户（包括地理区位的"同城"），根据这一波推荐的播放数据表现，再决定是否进入下一轮的更大流量推荐，也就是我们常说的"流量加持"。播放数据的参考指标是点赞、评论、转发和完播率。

除此之外，账号若一直发布优质短视频，平台会进行数据读取和智能分析，形成一个数值，这就是你的账号权重。我们常常发现，一些"大V"的账号内容，播放量、点赞量居高不下，除了自身的粉丝量大之外，还有一个因素就是账号权重值比较高。因此，创作者需要多发优质内容，不做违规搬运、抄袭等事项，避免账号流量权重降级，并想办法不断增加账号的权重值。

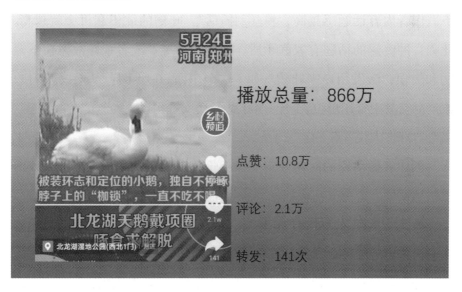

平台给你流量的依据是什么

首轮推荐后，平台就会获取你的视频播放数据，这些数据指标包括：点赞量、评论量、转发量，还有完播率。这四个指标当中，转发量最能够提升你的播放数据。四大指标有任何一个数据可观，平台都会进行更大流量的推荐，这条视频上热门的概率就比较高了。

如何提升平台推荐流量的"四大维度"

作者要获取平台加持流量的机会，就要注意这四个指标数据的提升，这也是大家最关注的"如何让视频内容上热门"。上热门一半因素在于账号的定位、人设、形式设计，另一半在于内容的精准运营，并且与定位、人设、形式保持一致，这样才能够让你的账号实现快速崛起。

点赞 能够实现对观众内心的触动和引起观众的共鸣，触发点赞。

我们除了在节目中要突出共鸣点外，也可以在视频中有互动或者点赞的提醒。比如俏皮地说：颜值高经常给别人点赞、点一个不要钱的赞等。

评论 内容具有较强的话题感，吸引观众吐槽评论。

作者内容话题感越高，粉丝"插话"、吐槽的欲望和机会就越高。比如，冲突感的话题有家庭矛盾、恋爱纠纷等。或者视频故意留下漏洞和失误，激发用户来吐槽。如"这个东西 30 斤（斤，非法定单位，农产品交易中常用单位，1 斤 =500 克），美女提得动，多半女人拿不起"，就会有好多人说"不一定"。

创作者做话题的时候一定要保持价值观的正向积极，不涉及政治等敏感话题，避免弄巧成拙。

转发 具有强烈的价值认同感，能让粉丝产生强烈的"变他人内容为自己内容"的欲望。

作者可以在实用价值强的内容结尾做提示：转发出去帮助别人。内容的方向带有强烈的价值感，比如正能量的鸡汤，常常会有较高的转发率。

完播率 播放完毕人数 ÷ 总播放数 = 完播率，完播率越高说明你的内容越优质，进入下一个流量池的加持流量推荐概率就会越高。

完播率首先是要做到内容精彩，而且要尽可能短，不浪费用户每一秒时间。同时，在内容方面要设计好悬念，为视频增加故事感，让人欲罢不能。有时，作者也可在标题中提醒：结尾有彩蛋。

本节提示 ·))

　　运营账号核心是以定位为前提，强化人设的过程中，做优质内容。而内容是否优质就是我们常说的是否"上热门"，对新农人创作初期要注意以下几点。

　　1. 前 3 秒抓人，不浪费粉丝每 1 秒时间。

　　2. 节目要短，但不要低于 7 秒。

　　3. 看点、悬念、话题选择准确（为内容贴标签）。

　　4. 上传标题和文案有细节，有互动，能留人，系统能识别。

　　5. 封面诱人（尤其快手平台）。

　　6. 音乐与内容融为一体，尽可能用热门音乐。

　　7. 不忘初心：定位、人设、形式保持一致。

　　8. 节目有冲突感，有矛盾点，有趣味，有最后的精彩反转。

标题与封面图，短视频的"脸面"

　　标题是内容的概括，也有人称之为简介或者内容文案。标题一方面可以介绍内容的主要看点，吸引观看；另一方面，可以为平台算法提供识别内容的关键词。所以，标题是流量分发的一个重要参考依据。

　　在做标题的时候，有几点技巧可以帮助到初学者。

使用标题公式

　　标题公式概括为：内容生动概括 + 细节趣味描述 + 引导互动提醒。比如：这个健身办法有点"妖"，张果老倒骑驴，他们学"猴爬"，还是一群人，你看行不行？

"刺激"起标题

提供紧缺性、紧急性、弥补性、反常性内容与字眼。常用的词组：别不信、好久看不到了、一定要保存、挑战"三观"等。比如：这种匠人再认真，也换不来一个赞！

标题：

郑州15棵法桐被人下药毒死

警方：严查

点赞：1.7万

评论：183人

转发：93次

能引发悬念与思考

这类标题通常是把话说一半，留一半。比如：这几招、这几个秘密/方法、这一句话；或使用疑问词：如何、怎么样，等等。

能够调动情绪，触发共鸣

让用户觉得你和他有着相同的价值观，打"爱情、友情、亲情"牌，比如：感动、暖心，等等。

引导式标题，提高完播率

引导语的使用，可以有效地提高完播率。比如：看到最后，有彩蛋哦。

突出价值的标题

作品价值点要突出。比如：原来 1 秒就可以叠出来 T 恤。

封面是一则短视频内容的脸面，封面有清晰的看点，能够引发悬念与好奇心，更好地服务和呼应标题。

封面的故事感　　　　　　　　　　封面的标题压字

景别设置合理，呼应标题

核心是什么？看点在哪里？封面一定要呼应标题。

构图合理主次分明

封面中的事物主体最好不要超过 3 个，主体的位置要有主次。主体要放置于焦点位置，重点突出。

力求色彩鲜明，强化视觉效果

鲜亮的颜色更容易吸引观众的注意力，与视频内容结合，保持账号封面色调风格的统一。

封面压字或图示

要突出视频的核心看点，或更好地表现封面上的焦点内容，图示相当于特写展示，做到简单直白即可。

封面突出看点，有联想空间和故事感

画面突出视频内容的重要看点，而且不是一眼就能够看穿的结果，留有让人充分联想的空间，就会让好奇的用户点击观看。

一定要自己筛选封面

当我们没有确定封面而直接发布的时候，系统会自动为我们推荐一个封面，一般是这则视频的第一帧画面。如果第一帧没有看点或者很水，就会影响你的流量推荐。比如：我第一个镜头用了动画开幕，那视频的第一帧就是黑屏。如果没有筛选最后就黑屏当封面，观众会啥也看不到。因此，创作者发布时，应自己点击"封面"，并进行统一的风格化创作。

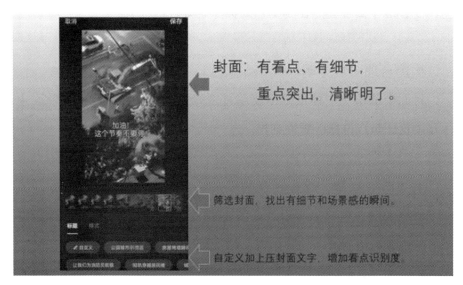

除此之外，有的短视频分上、中、下三集或者六集，这时候，适合做组合式的封面。组合式封面首先要设计一个节目海报，然后，用图

片编辑软件切割成三个部分，这三个部分将成为三期节目的封面。创作者把这三张图分别放在三期节目的第一帧。最后，创作者按照先后顺序上传三期节目，并设置第一帧为封面。当用户点开你的主页，就可以看到三张封面组成的一张完整海报。这种模式在电影类的账号中经常看到。

封面是你的脸面，所以要统一

封面是一个账号的脸面，因此从风格上讲要有稳定性和统一性，不要变来变去，让观众找不到你。当用户对你的某一条内容感兴趣，就会点进你的主页，这时看到井然有序而且非常清晰的内容体系，他就会不断点开观看，然后可能感觉不错就关注你了。

本节提示 ·))

1. 标题文案要介绍得丰富，更要突出行业特点，语言风格与节目风格、人设一致。

2. 封面突出"乡村"的特点，尽量带有乡村特有的或有内涵的场景、物件，尤其是封面看点与标题看点的细节。

3. 封面在拍摄之前就策划好，你的短视频吸引人的地方在哪，就在哪里留意截取封面。

关键词与话题可以带来隐性流量

关键词

关键词是算法最重要的数据来源和流量分发依据，内容所属不同行业、地域、性别、兴趣等都有对应的关键词。比如：化妆品类关键词有护肤、彩妆、口红、水粉、皱纹等。育儿类关键词有宝宝、宝妈、儿科、尿不湿、早教等。特产类关键词有西藏特产、伏牛山、原产地等。当你的账号准确定位之后，创作者要经常进行关键词的积累，这样方便及时派上用场，为平台算法提供便利，为内容带来流量。

关键词积累的几个途径：一是日常积累，在内容创作中不断丰富；二是同类账号积累，观察和学习同类型账号都用什么关键词，记录下来；三通过飞瓜数据等大数据平台，查看同类热门视频高频词，在当天也可以当作关键词来使用。

话题

在你输入标题的时候，输入文字栏的下方有"@"和"#"标志，"@"可以在发送的时候直达好友，在"@"符号后面添加好友昵称即可。"#"点击后，在符号后面输入你想要的话题关键词，这时下面就会推荐很多相近的关键词组和热度，根据推荐页面内容，创作者可以选择其中之一，也可以直接按照自己输入的文字发送。如果是前者，你会加入到一个成熟话题，会被更多人关注。如果是第二种，意味着你新建了一个话题，如果是最新话题而且很火的话，也可以为创作者带来丰富的流量。

本节提示 ·))

1. 标题要体现不同垂类的关键词，乡村美食就多用乡村美味、民俗吃法、乡村寿宴等，关键词和话题需要新农人经常积累。

2. 参加平台的话题讨论、自创趣味话题等。比如，平台都有"乡村扶贫"话题，有些内容可以加入该话题；也可以加入某地的方言挑战话题，以增加关注度和流量，也可以丰富自己的选题素材。

3. 关键词和话题的词汇可以通用，添加话题时，尽量选择和自己定位的垂类相一致的内容。

筛选选题：准确把握流量源头

优质的选题代表着优质的内容。传播力的关键在于选题，其次是形式上的包装，最后是内容本身，因此筛选选题就尤其重要了。

选题	形式	内容
节目确定的主题	节目呈现的逻辑、架构	节目信息本体

选题要具有代表性

所谓选题具有代表性是指选题和目标人群关注点重合越多、越受目标用户关注，就会有越多人期待观看，选题传播力就越大。在垂直领域内努力扩大人群的覆盖面，无论你做的是美食、乡村文化、手艺还是其他领域，做到有代表性就意味着具有初步的传播力。

除了选题的代表性之外，选题还要有显著个性，具有实用、有趣、与热点契合等特征，满足的条件越多，选题的价值就越高。

在这里提醒一些新农人或者技术型的创作者，创作时，我们需要将专业化的内容做到大众化的传播，深入浅出，生动地表达你的内容。比如：一个木工制作椅子，如果太专业化地介绍椅子的制作技术，就会显得乏味。如果从日常生活情节导入人们的需求，再通过制作凳子步骤的快放，呈现整个制作过程，就不仅仅能营造节目的气氛，还具有很强的趣味性，这就成功实现了大众化传播。

选题要具备可行性

选题进入操作层面，变成节目内容的题材，在人力、物料、成本、后期等各方面都要保证可行性，防止"理想丰满，而现实骨感"的窘事发生。

选题要做唯一的自己

目前，平台上的内容极其丰富，类似选题甚至相同选题常常不止一人拍过，甚至有些拍得还很不错。这时，创作者就要努力做好唯一的自己，根据人设定位、节目形式尽可能做到差异化传播。

选题的角度

从不同角度看选题，就有不同的收获，即所谓"横看成岭侧成峰"。

在创作节目内容时，创作者也可以尝试从不同的角度来挖掘选题的内涵。比如：乡村美味传统酱豆，有"吃货"角度，品味酱豆说感受；也有"文化"角度，讲酱豆制作的故事；更有"手艺"角度，介绍酱豆的具体生产流程。任何一个选题，创作者都可以提前从不同角度来分析，从账号人设定位出发，选择一个最佳的角度来创作内容。

价值满足

不同的短视频内容传递不同的价值，有的体现实用性，有的体现人文关怀，有的传递正能量。在选题前期阶段，创作者要充分考虑内容传递的价值是什么。如果是实用性内容就让每个人都可以轻松模仿，是人文关怀就要做到感人至深，是正能量性内容就要让人暗竖大拇指。

价值传递也是账号持续变现、维护粉丝的基础。一个有价值输出的账号更能够获得粉丝的关注和认可，从而增加黏性和活跃度。比如：同样是做美食，甲账号只是"吃"，价值就不明显。如果很"嗨皮"地呈现一种极致吃货的真实状态，账号传递的是痛快吃、快乐生活的理念和价值，这样的账号是有情感和温度的，当然要比前者更容易进入用户的内心。创作者的目标是用账号的内容聚集粉丝，然后实现销售变现，一定要坚持"价值 + 用户"的理念，做好、做优账号。

优化选题：让普通内容变热门内容

一条视频内容的生产，是经过选题、策划、文案、拍摄、制作、上传几个步骤来实现的。优质的选题与策划可以化腐朽为神奇，让普通内容实现质的飞跃。一个成熟的短视频运营者，必须拥有这样的能力。

选题——你要拍摄什么？

做账号，为什么那么多人坚持不下去？主要是他们的选题库很快就枯竭了。所以，创作者要学会按照自己的定位与人设提前积攒选题。首先是学会蹭热点，有人物的热点，有事件的热点，能够把热点嫁接到你自己身上。注意：一定要避开敏感话题。其次节假日、重要日子要提前策划，比如春节、端午节、七夕等重要节日一定不能错过。第三是借鉴同类账号，这个就需要多看、多学。

策划看点——如何拍出优质看点与细节

我们有了选题，就需要策划看点，围绕这些"点"来思考如何设置并突出看点。首先是冲突点，有矛盾、有冲突，视频内容就有了故事的内核，就有了悬念。其次是趣味点，消遣时光最需要乐子，所以幽默点、搞笑点是要特别留意的。再次是细节点，比如：被媳妇打，就要有这个完整的动作，甚至是慢放这个细节。第四是看点的反转设计，意料之外，却又符合常理，这类有反转的节目更容易获得点赞。

创作者在商业变现时，常常需要对商业内容进行植入式策划，这时更需要对选题进行细致规划，让粉丝既能接受你的广告，还能刺激他们对内容点赞、评论，实现更大的传播量。在这种节目策划时，我们尤其需要把广告进行软化处理，这个"软"过程就是动脑子的过程。一般情况下要求：看点清晰，不违定位，植入恰当自然，达到目的，有趣有料。

拍摄——让选题和看点变成现实，服装、化妆、道具更出戏

拍摄是把想法变成镜头，这就需要在拍摄时注意角度、景别等，呈现看点。比如滚铁环，你正对着拍，观众什么都看不到，因为铁环变成了一条线。如果侧方向拍就能够看得一清二楚。

除此之外，每条节目是否需要在服装、化妆、道具上有一点新、奇、特的内容，根据选题内容来定。创作者准备好，拍出来，节目就会比你什么手段也不用要生动得多。

编辑制作——强化选题，突出细节看点

编辑制作是把策划与拍摄的重点展示出来，除了画面，就是声音，还有编辑时加上的音效、音乐、特效等。无论如何变，这时最核心的是编辑为内容服务，围绕账号定位，把节目做好。

上传加工——用标题进一步突出主题，加强互动，增加关键词被识别和推荐的可能性

在上传环节，我们除了前面讲的"@"与"#"话题之外，还有位置信息、是否同意下载、添加标签、关联商品等多个选项。在这里，我建议创作者尽量使用位置信息，位置也是平台推荐流量的一个重要参

考指标。除此之外，添加标签功能也可以使用，为你的内容贴标签，让后台明白你是什么内容，方便进行流量的推送。

 选题库的储备："平时有粮，战时不慌"

借鉴热点选题

现在，每个平台都会公布热点视频，或者借助飞瓜数据、星榜等大数据平台寻找到热点视频。每个热点视频本身就是一个选题参考，可以根据热点视频，创作属于自己的短视频内容。

日常积累选题

新农人创作者可选用生活与工作的日常经历、遭遇等内容，寻找可以实现和突出的细节点、差异点、显著点、趣味点，而这些点又与你账号定位一致，这就是选题。或者，生活中每每遇到让你心头一震的感受时，就要留意这是不是可以作为选题来做的内容。建议创作者做好选题记录，不断丰富自己的选题库。

抓节庆等热点时段选题。节庆类日子，本身就具有很大关注度，创作者可以提前策划属于自己的内容，往往可以达到事半功倍的效果。同时，创作者可以"蹭热点"，根据热点来创作内容。

选题库枯竭时，有

几个方法可以使用。一是创作者根据垂类扩展选题类型，比如：乡村美食开始尝试乡村食材制作西餐。二是增加人物，增加拍摄时的人物数量和类型，从而丰富选题内容、扩展表达空间。比如：一个人拍摄的乡村手艺，可以加入亲友角色，让内容富含人间冷暖的情绪。三是变换场景，把固定的拍摄场地换为其他场景。比如：常常在家拍摄乡村农具的内容，可以尝试将其带到田间地头，在直接使用中介绍。四是改变拍摄地点，常在村里拍摄，可以移换到城市拍摄，实现周围环境与人物的彻底改变。最后，尝试节目内容改版，尽可能在不影响受众定位的前提下重新扩展和改换门头。比如：原来做乡村生活，现在只做乡村美食；原来做乡村美食，现在做乡村田园文化。

本节提示 ·))

1. 远离敏感区域。政治类、宗教类、暴力类选题和词汇慎用。尤其是一些画面中有暴力打人、恶性案件等，平台都会限制发布，无论你的出发点是否善意，这些画面就不宜发布。

2. 选题避免盲目"蹭热点"。时事新闻、政事等，作为新农人是很难把握这个尺度的，这些题材平台也是严格限制的，不容易把握的就放弃，不冒不必要的风险。

3. 乡村选题丰富度在于身边的素材是否能足够挖掘。创作者可以充分发挥想象力去变换花样制作内容，乡村道具、场景就是扩展选题的重要抓手。

4. 当要做一个选题不知道如何入手时，可以在短视频平台搜索关键词，看该关键词下别人的创作形式，仔细看五个节目后自然就知道如何下手了。比如：做嫩玉米棒美食类选题，可以搜索的关键词有"嫩玉米""吃嫩玉米""玉米熟了""玉米美食"，等等。

连续性与系列性内容：建立长时段关注度

在节目制作过程中，我们常常为选题发愁。这就需要策划选题进行内容补充。在进行选题策划的时候，无论是连续的内容还是系列的内容，都不能违反账号的定位和基本形式。只有这个策划软实力建立起来，你的账号才会持续获得正向积极的评价与关注。

连续性内容是对同一个选题的持续性关注，是一个事件的全过程分期呈现。在我们看到的账号类型当中，村屋改造、抽坑捉鱼、阶段性挑战（如减肥、远足、骑行全国）都属于连续性内容。连续性选题内容可以建立持续的关注，增加粉丝黏性，提升粉丝的活跃度。有的账号用自制剧形式，把一个故事分成几段内容来呈现，这也是一种连续性内容的形式。

系列内容是对同类型内容的生产与呈现，这些内容是平行、并列的横向关系。比如：乡村发现类可以做乡村植物系列、农具系列；美食类可以做乡村酱系列、饼系列。系列内容策划到位，同样可以吸引粉丝持续关注。

连续内容和系列内容也可以丰富选题库。

本节提示 ·)))

1.连续性内容策划好连续性，尤其是上下期之间的持续关注的接口，这个接口要能够形成悬念。比如：海边抽坑捉鱼，捉了几条大鱼之后，发现更大的鱼，继续抽。这就有了第二期内容。

2.连续性内容创作时，乡村创作者不要担心没有结果。连续性内容的魅力就在于此，因为结果的不可预知，所以才有持续吸引力。

3.系列内容宽度和细度做足，还要有料。比如：乡村农具系列，要找常见的、名字多的、容易勾起回忆的；或者少见的，可以"多怪"的，能引来看稀罕的。如果选题普通，就向这两个方向靠拢，就很容易找到看点。

流量获取渠道：引流的目的地

我们无论在哪个平台发布内容，运营账号，都有这样几个内容功能。"关注"：你关注的内容；"发现"或者"推荐"：平台为你推荐的内容；"同城"或者地理区位：这是你所处的地点匹配的内容。反过来看，这些恰恰是一个账号内容最核心的流量口之一。

除此之外，我们还有其他的流量获取方式。

一是发布时加入"#"话题和"@"特定的好友，这在前面已经介绍，

在此不再赘述。

二是直播。直播过程中短视频与直播流是相互引流的，尤其是直播过程中的连线，也是最直接的相互引流模式。

三是投"DOU+"或者"小火苗"。在我们点击小视频转发按键时，就可以看到"帮上热门"或者"上头条"的提示，通过手机支付，你可以直接购买流量。初级阶段不建议大家使用这项功能。

四是你的精彩评论和痕迹，会让别人对你产生兴趣。

最后就是分发自己的内容二维码或者链接到其他社交平台，实现粉丝的不同平台互动和涨粉。

在这些流量渠道当中，我们要用一切可以使用的方法，不断增加你的流量，尤其是创作者在账号发展的初期，粉丝少、流量小，在做好内容的同时，更需要多做一些互动，实现热门播放，从而快速变成一个成熟的账号。

本节提示 ·)))

1. 内容分发的第一步是给粉丝和附近的用户观看，账号初期发布时标注好地点，尽量做一些有区域性内容的选题，增加贴近性，实现互动。

2. 加持流量会放在推荐页里，可以留意是否有自己的作品，就可以知道是否获得加权推荐。

3. 付费流量不要轻易购买，尤其是一个作品播放量不佳时，或者还在上升过程中，钱花了也是白花。

4. 通过购买付费流量，了解自己内容与平台的规则是否冲突。当乡村创作者发现不能投放付费推广的时候，可以判断你的内容与平台存在规则性冲突。

账号运营的数据分析：复盘中提升

账号数据如同医生救治病人时的身体健康指标参数，可以掌握账号的"生命状态"。这些数据包括内容管理、互动数据、短视频数据、直播数据等。创作者掌握和准确解读这些数据，可以给自己账号粉丝画像，判断短视频发展方向，确定准确的发布时间，从而更加精准地运营好账号。

数据获取途径与入口

无论是抖音、西瓜视频还是快手平台，在 PC 端，通过百度搜索"抖音创作者平台"、"快手创作者平台"，就可以找到官方后台，点击登录，用 APP 扫描二维码，就可以成功登录，并可以看到各项数据的入口。

数据分析

进入"创作者中心"之后，点击每个数据入口，即可获取账号相对应的数据参数。这其中，短视频运营时着重看点赞、评论、转发、完播四个重要指数。一般情况下，点赞量 5% 以上、评论、转发 1% 以上，这个数据就比较不错。如果任意两项加起来较高，或者一项居高不下，热门就没有问题。完播率能达到 30% 以上就算正常，50% 以上属于优秀，达到 80% 将成为爆款视频。

涉及账号的赞播比和粉赞比是衡量一个账号内容质量的重要指标。赞播比是点赞数与播放量的比值，反映内容在推荐流量呈现的受欢迎程度，普通为 1% ~ 5%，优秀为 5% ~ 10%，较强为 10% 以上，将成为爆款视频。粉赞比是粉丝数除以点赞数，从一个侧面反映账号的受关注度，是对视频感兴趣用户转化为粉丝的比例。粉赞比为 10% 代表账号是普通账号，20% ~ 30% 代表账号吸粉能力不错，40% 以上代表账号吸粉能力很强。

直播数据着重为新农人带货和推广服务。每场直播之后，都可以看到数据汇总。不同平台提供的数据大同小异，基本包括：直播时长、累积场观、累积互动、累积商品点击量、粉丝点击占比、最高在线、粉丝平均停留时长、新增粉丝、入场来源、转粉率、场间掉粉、订单笔数，等等。在分析数据时，可以根据直播过程与数据的波动来找出优劣点，为下场直播控制做好准备。比如：3小时的直播，按小时算第一小时入场1000人，第二小时600人，第三小时800人，为什么第一小时和最后一小时入场人多？通过直播流程设计会发现，这两个时段分别有"红包"和秒杀活动，很好地带动了直播间的人流量，在下一场就可以多用。

本节提示 ·))

1. 新农人创作者坚持每天研究账号数据，找不足，找优点，做对策。

2. 带货类直播数据坚持原则："小额试跑"，以小见大；"大额追优"，数据表现优秀就扩大投放。

3. 数据代表账号基本情况，只是提供内容方面的参考，而不是绝对性的。

● LIVE

5. 直播带货

直播带货是给新农人的"风口"

2020 年，在移动互联网端，"直播带货"无疑是热词之一，引发各界高度关注和参与。2021 年 1 ~ 6 月，主持人、艺人、企业家、作家、公务员等不同身份的大咖接连入局直播带货，主播角色逐步丰富起来，而且呈现越来越专业化的趋势。2021 年，各平台加强规范直播带货行为，健康快速发展成为主题，品牌企业更显优势。直播带货带来了新的产业机遇，也为新农人带来莫大的机遇！

场景唯一：农民所处环境"天人合一"

直播讲究"场"与"产品"的结合，农产品与农村环境可谓是"天人合一"。新农人主播一方面可以证明自己就在产地、就在现场，证明产品可控、安全且正宗；另一方面也可以直接拿到地头价，实现最佳的营销价值，这也解决了电商产业构成中"供应链"这一最关键的环节。

视频展示：最方便农民参与

在电商的传统端口，产品的图片设计、卖点设计、营销设计不到位，在原先的电商平台就很难拿到单子。而在短视频与直播带货平台，农民朋友只要用手机拍摄出视频介绍产品，或者就地直播，产品卖点、特性等就得到最直接的展现，相比较图片，视频很难造假，把传统电商专业化门槛降低很多。

这种视频的形式适合新农人身份，也适合产品卖点展示，大有"有视频、有真相、千言万语看视频"的感觉。在短视频平台，我们常常可以看到直播新农人在销售产品时，虽然他的产品图只有两三张，甚至只有一张不怎么讲究的图，却有数万单的销售量，就是这个道理。

直播带货是一次"长征"

新农人直播带货初期，受粉丝量、销售量、直播间热度等因素影响，直播间人数可能不到十个人。这是直播带货"长征"的第一步，新农人需要有毅力、有信心一直坚持下去，每天直播 6 小时以上，不怕辛劳。当粉丝量与直播间热度都上升之后，主播的收入就会有明显的提升。最终，直播带货将成为新农人和家庭的主要收入来源，并以此为业，在乡村快乐生活。

本节提示 ·))

1. "风口"不是简单应付就可以火，还需要投入大量的精力。

2. 乡村创作者要了解优势，发挥优势。这些优势包括所处的乡村场景、背景、道具、产品源头、传统文化等。

3. 直播电商是一个过程，乡村创作者要有咬定青山不放松的毅力，坚持做下去。一两个月粉丝不涨，表现平平，要不断复盘，不断发现问题，然后可以考虑再重新换一个账号、方向、形式，并持之以恒坚持下去。

4. 筑牢心理防线。一开始直播时，旁边的人难免要说风凉话，新农人要坚定做自己，做唯一的自己。

5. 在短视频发布的数量有保证的前提下，快速开通直播，一般超过 1 000 个粉丝，就可以开播，并坚持每天不低于 4 小时，"直播粉"比"短视频粉"更精准，更有黏性。

 直播的基本功修炼没有止境

带货主播的才艺和颜值不是最重要的，但是，拥有越多的优势越有利于提高直播间的人气和成交量。直播带货的交易过程和线下商品的销售过程类似，而不同的地方就是"直播"二字。直播是正在进行的播出，即时的互动，"直播带货"关键点在于场景里的真实互动与感染，最终形成销售。

主播要有鲜明的人设，个性特点才能够更加突出，并以此激发用户的关注与支持。在直播带货过程中，主播的人设任何时候都不能丢，而且尽可能与短视频人设一致，突出自己身上最大的鲜明点。带货主播的核心是让别人购买产品，需要的基本功比普通主播更多，尤其是营销互动方面。

表达能力

有逻辑的表达 为什么一个陌生人会购买你的产品，首先是喜欢你的内容，然后喜欢上你这个人，第三步是信任你这个人，最后才是购买。这是大多粉丝必经的购买心理过程。在这个过程中，主播表达要具备较强的逻辑性和说服力，能说清、说透、说好。比如：介绍产品时，会有些粉丝左右摇摆，消费的愿望没有确立，这时就需要生动介绍产品的独特卖点和功效，进一步互动，从而激发粉丝对其感兴趣，并转化为销量。

在感兴趣的基础上，主播要竭力营造消费场景或者消费效果。比如卖的是按摩刮痧器械，主播可以设置这样一个场景：另一半下班回家，或者父母躺在沙发上，用这个给亲人按摩，享受放松的感觉。把养身心、护健康、增感情三者相融，这叫"三全其美"。在表达过程中，主播边体验边讲解，激发对产品感兴趣的观众产生购买欲望。这时，主播表达价格和营销策略内容时，要突出可换、可退、还保修，这就更容易形成销量。

这个表达的过程需要一定的逻辑基础，形成观众对产品和对主播的高度认同，最后形成强大的说服力，产生购买行为，形成销量。

有感染力的表达 所谓感染力，除了表达的内容与体验过程之外，我们要在语

音、语速、语调、动作、手势上做足文章。

直播不同于日常说话，应根据你的人设与内容，确定最适合自己的状态。有的主播有搞笑的声音，有的说话声比平常高八度，有的动作夸张，使用独特手势，这些都可以丰富表达内容的感染力。举一个表达失败的例子：当你介绍产品功能时，自己毫无信心，这时，你内心很虚，表情不自然，语气语调失真，粉丝看到就会认为你在睁着眼睛说瞎话。带货主播要足够了解产品，对产品有信心，并将这份信心传达出去、感染粉丝。

激情满满　主播激情是讲述欲或分享欲的展现，这种情绪通过语言，传达给观众和粉丝。我们常常见到有主播高声呐喊自己最后的实惠："买一发三，仅此一天。"这种就是用激情来烘托你要表达的重点，每个优秀的主播都能以富有激情的演讲，将能量传递给观众。

表演能力

表演能力可以让一段枯燥的产品介绍变得生动活泼。这个"演"不是真的演，而是用"演"的手法，真实呈现你个人特点、产品卖点等。"演"的手法让卖点呈现得更加真实有趣，而非故弄玄虚。比如：现场测试胶带补钢管，这个过程中，场面的紧迫感、粘的手法、效果呈现等就需要提前做好剧本设计，在真实的发生过程中"演"出来。

应变能力

直播最大的魅力是正在发生，一切不可预知。在直播过程中，带货主播经常要根据直播间互动、直播间突发情况、不良评论等进行快速应变，实现"破坏"与直播带货的完美互动。恰当应变可以让"突发"变成营销互动，失误的应变将成为直播事故，形成不良影响。这时，主播需要掌握几个要点：一是有信息可以处理就正面处理，没有或者了解信息不够多时，就交给房间管理员出面应对，主播表明积极态度。二是影响购买的评论正常对待，尤其是一些售后问题和个别问题，不在直播间突出。评论只是一个人看到，而主播直接回复将是直播间的全面传播。三是保持冷静，不做违规事项，比如对骂，或者出现脏话等。四是提前准备应对话术，具备应对各种状况的能力。

互动能力

直播带货的关键点之一就是互动，粉丝通过互动，不仅可以看，还可以参与进来，在行动上、语言上进行直播呼应。没有互动就不是真正意义上的直播。

这种互动能力是在与观众分享、介绍时有感而发的，一种可以是随机的即兴互动，一种是直播前经过充分准备与设计的互动。对于初级入门者来说，直播前的充分准备与设计是尤为重要的，它可以弥补经验与能力的不足，保证直播的效果。

网红直播带货系统中，常用互动功能：直播、PK、评论与弹幕。主播可以随时发现并进行回复。私信功能：开放式问答和不方便回答的问题，可以号召大家留私信。短视频评论功能：短视频评论里，粉丝会发表对你的看法，及时回复和有个性的回复，可以让粉丝更了解你，增加粉丝的黏性。主播还可以发起活动、话题、秒杀、红包福利等引导粉丝参与。

营销能力

直播带货主播是以销售为目标的主播。这个核心定位要求主播，你不仅要会直播，更要会营销，能实现产品在直播间的销售。直播间营销互动随后有详述。

本节提示 ·))

1. 乡村创作者直播时一定要做真实的自己，真实是你的生命力。短剧型热得快，但粉丝垂直度不高，不如美食等垂类电商转化率高。

2. 要么直播内容有趣，要么你卖的东西有吸引力，两者也可兼而有之。这和你做短视频的定位是一致的，当你的目标是卖农特产品时，带货主播就要多介绍产品的性价比、卖点等。

3. 在增粉阶段，一定要培养起核心"铁粉"，就是粉丝里特别关注你的人，特别喜欢你的人，他们是你直播间人流量的保障。

4. 谁都不是天生的主播，乡村创作者一开始会遇到难题，但是一定要坚持下去，看别人做什么、说什么，多看多记多借鉴。

5. 利用好农村特有的场景，尤其是你卖什么产品，就可以在田间地头直接拍摄，或者在农家小院直播，背后要有一堆你卖的产品。

6. 前期多发放福利，提高直播间权重，不断增加"铁粉"。另外在情感上与粉丝亲近，比如保持亲和力，呈现你的辛苦和勤劳，感恩粉丝，多多回馈大家等。

7. 胆大、放得开也是一种能力。敢叫、敢喊、敢唱，如果你不敢，无论是短视频还是直播，所有机会都会失去。

● LIVE

6. 电商变现

 选品：电商变现最核心因素之一

"品"与"号"一体

每个账号的短视频与直播都有自身的定位，专业讲叫"垂直"。账号内容针对特定的群体，这个"号"的粉丝群体就要与"品"的使用群体实现最大化的重合。一方面创作者了解产品，另一方面也服务了粉丝，这样才有比较好的转化能力和可持续性。

亲测亲试

我们看过某网红直播带货翻车，不粘锅煎鸡蛋却粘锅了。原因就是主播对自己的产品属性了解得不够全面，体验亲测过程中没有及时发现问题，这就出现了直播事故。

主播亲测亲试，对于产品属性有最直接的体验，主播可以说出其中的真实感受。这更容易激发粉丝购买使用的欲望，还能够获取直播中的卖点细节，使推荐更有说服力。

服务粉丝需求

互联网思维是用户思维，围绕用户的所思、所想、所求来选品。要实现他们关注你账号时的需求与产品需求相一致，这就需要考虑粉丝的年龄层次、男女比例、消费特点、功能需求等。

新农人要想了解自己的账号用户画像，可以借助数据分析工具和平台。比如分析抖音账号常用"飞瓜数据"，快手账号常用"飞瓜快数"。除此之外，"星榜"网站的大数据分析，也可以提供数据服务。这样可以找自己的对标账号，了解他们粉丝的性别、年龄、地域分布及兴趣爱好情况。通过对对标账号的用户画像解读，从而明确自己账号的目标用户画像定位。

发现热销产品

我们做短视频运营时会"蹭热点"，电商也有阶段性热销产品。比如季节性产品（夏天的小风扇、冬天的防霾口罩等）、节庆性产品（秋天的水果、中秋的月饼等）都是在一定时期内有较高热度的产品。热销产品本身就具有一定的话题感，可以在直播时充分进行互动。

物美价廉

我们纵观各个网红卖货不难发现，物美价廉还是硬通的条件，或者专业术语讲"高性价比，低客单价"，对于新手来说，卖 29.9 元、19.9 元、9.9 元价位且具有高性价比的产品，是一个不错的冲量策略。

平台推荐产品

目前，短视频与直播电商平台都具备一定的分销功能，入门者可以对应粉丝喜好，在平台上选择热销产品，直接带货，这样更容易上手，并逐步积累售前、售后服务经验。

轻便漂亮

电商产品因为需要快递，因此不太适合笨重的、大宗的产品类型，一般不超过6斤。如果产品既轻便又很漂亮，就容易快速涨粉和积累人气。

快速消费品优先

在直播带货选品中，食品类占比很大，因为这种产品易消耗，可以增加复购率，进而不断提升自己直播间参数与店铺权重。

本节提示 ·))

1. 选你了解的，你懂的产品，初期别啃硬骨头。

2. 无论如何先把一款产品卖爆，一天不低于 1 000 单，做对一次就会了。

3. 设计好卖点展示环节，尤其是能实现产地证明、自产证明作用的场景与背景。

4. 选品一般每件不超过 6 斤，并且应是耐储藏、便于运输的产品。

5. 着重推销自身有定价权限的产品，尤其是当地盛产的产品。

6. 初期不宜产品过多。由于季节和区域原因，容易产生售后问题的，不推、不发、不卖。比如，冬天把生鲜卖到东北，容易冻坏；夏天卖秋天收获的水果，一般都是冷库产品，品质不佳。

文案的创作技巧：打开消费者心灵大门

直播时，新农人最头痛的就是文案。如何用文字清晰表达自己的产品卖点？其实，当你足够了解自己产品，你就可以快速完成文案创作。这个文案主要指产品的上架标题，一般情况下是有规律可循的。

第一种模式：产品名称 + 卖点细节 + 消费场景或者感受

比如：温县铁棍山药

产品介绍：正宗温县铁棍山药，假一赔十。

卖点细节：60 厘米优质果型，蒸煮炒炖皆谊，绵软香糯，温和滋补。

数据是最容易感知的细节。突出厨房加工环节，兼有口感描述，这个文案介绍就十分到位和引人了。

第二种模式：产品介绍 + 卖点 + 贴近性互动

比如：粗粮麻辣小锅巴

产品介绍：粗粮麻辣小锅巴

卖点与贴近性：粗纤维好吃不贵，看着电视吃锅巴，一人一包和睦全家。

第三种模式：文案"动"起来

好的文案能让粉丝更直接、更形象地了解产品性能，这就需要把描述卖点的文案尽可能生动传神地表达出来。这就是文案的"动"，多用名词和动词，少用形容词和副词。

比如：洗衣液

常规文案：蓝牌洗衣液，家庭必备还实惠，家庭更洁净。

"动"态文案：超浓缩蓝牌洗衣液，一桶能顶两桶用，天然杀菌自然香，就像住进小花园。

通过比较会发现第二个文案更清晰，更形象，让人有充分的认知和联想空间。

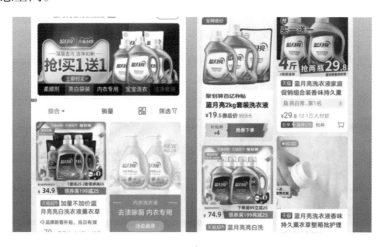

本节提示 ·)))

1.文案表达一定要生动、真实、贴切。可以上网搜相关产品，可以有大量文案借鉴。

2.自己先用、先试，再找卖点，最后做方案，实践出真知。

3.用直播素材记录本记下话术，记下优秀方案，坚持一个月，新农人直播带货将无师自通。

 商品的上架：电商销售第一关

做自媒体变现的一项基本功就是上架产品或者服务。这些产品包括实际产品，也包括虚拟产品，比如电话卡、视频课程。产品可以直接销售，也可以预订一定时间形成预售。一般情况下，上架商品需要经过以下几个步骤。

创建模板

在创建店铺第一个商品之前，需要先创建商品规格模板、品牌模板、运费模板，为以后上传同类产品提供便捷通道，产品相同点少的可以新建其他模板。

创建商品规格模板　创建流程：在商家后台—商品—规格管理，点击新建模板。

创建品牌模板　创建流程：点击店铺—品牌授权管理—新增—输入品牌名称—检索。这时，会出现两个"检索"结果，一是有该品牌名称，选择后填写相关内容，提交即可。第二是没有该品牌，点击输入品牌信息，填写相关内容，然后提交申请。

创建运费模板　创建程序：物流—运费模板—新增运费模板。新农人根据产品选择生鲜类运费模板、食品类运费模板等，注意是否选择包邮、无理由退货。尤其是生鲜类，注意新疆、西藏、海南等地运费价格的区别，冬季尤其注意不能发生鲜到东北，生鲜产品容易被冻坏而产生售后问题。

创建商品

创建模板是为了方便上架商品，当点击"创建商品"，才是正式开始上架。根据页面提示，填写商品相关信息后，就可以进行商品的创建。这时，商品的创建有几个重要模块。

产品参数 在"商品 URL"中输入淘宝/天猫商品链接（没有可不用填写），这个外链的添加后面详述。平台对第三方链接的使用会变动，根据平台要求进行。

在产品参数里，店主可在模板里选择是否包邮。店主可以在附件里查看产品类目，相关参数设置完成后进入主图设置。

产品主图 产品主图要求不低于 5 张，且无水印 LOGO、无 PS 抠图的图片。产品标题要生动、简洁地传递商品卖点信息。这里要注意，商品信息中不能含有只适用第三方平台的要求或图片，以避免被限制推流。主图中要带有品牌、资质方面的图片信息，比如 SC 码（食品生产许可证号）等。

产品详情 在产品介绍方面，根据平台的提示和自身的需求填写介绍或者说明，但是要避免出现个人其他平台联系方式。

多规格上传　在选择商品规格时，每一个规格包含它的信息、图片、库存和价格等。当设置两个以上规格时，消费者就会看到多个规格的选项，并对应各个规格下的价格。我们也可以对已有链接进行规格补充，形成多规格在同一链接下的销售。比如：三斤装、五斤装产品规格与价格。

商品资质　上传商品时，在资质上传窗口，可以按照平台提示上传质检报告，而且每个产品新建时就需要上传一次。除此之外，还应上传商标书、品牌授权书、预包装食品经营许可证、厂家的 SC 码。厂家的 SC 码与产品主图上标识的 SC 码一致。

创建完成　商品上传完成后，可以修改它的库存、价格等信息。这在直播间互动时经常用到，尤其是秒杀产品的库存和每个顾客的购买次数均可设定。但是创建后就不能修改商品，比如把羽绒服改为 T 恤。顾客付款生成订单就不能再修改价格。

设置发货时间

设置发货时间是个重要的环节，也是预防出现售后问题的关键一环。设置流程：商家后台—创建商品—编辑商品—承诺发货时间。

通常，系统的默认发货时间是 48 小时，也可以根据情况设置，最长可以 15 天，成为"另类"的预订模式的销售。在"发货超时说明"以"承诺的发货时间"为准，承诺发货模式不适用预售商品，预售另外设定。店主未在承诺时间内发货会带来退单、退款等售后问题，直接影响店铺的整体评分，为后续销售带来不利影响。

直播技术（一）：直播流程设计与安排

直播带货是以销售为目标的直播活动。新农人自家的农产品，或是新农人创办企业的自身产品等都可以成为直播间的卖品。直播不仅可以卖货，还可以推荐家乡美景，或者打造个人 IP 成为网红，再通过运营粉丝变现挣钱。一般情况下直播带货会有以下几个步骤。

直播流程

步骤一　提前半小时拍摄短视频并上传，向直播间引流。短视频也可以进行前期预热介绍，内容主要是主播个人，或者自己所代表的企业，以及直播流程和直播福利。主播尽量在直播前确定一个主题，围绕主题进行策划并准备话术。开展直播卖货时，短视频内容针对人群和产品的使用人群尽可能重合，这样更容易持续引流，形成销量。

步骤二　策划营销与互动。直播间人数存留与提升，需要互动与营销策略的搭配，比如秒杀活动、赠品活动等。互动方式包括发红包、引导评论、点赞、刷礼物、连麦、关注，等等。

步骤三　正式直播。开播即可介绍产品，并按照提炼的卖点和突出优点，宣扬产品优越的性能与质量，介绍产品性价比，让消费者真实感受到货真价实。

步骤四　直播试验。直播过程中，观众只能一直看，不能上手。这时，主播应代替用户来试验，比如现场评测、试用、试穿、试吃等。在试验过程中，主播告知粉丝真实感受，让观众产生购买欲望。

步骤五　互动起来。在直播进行一段时间之后，消费者有些感兴趣，但是还在忧郁，没有最终下定决心。这时，主播通过在线提问，互动答疑方式，从消费者角度答疑解惑。同时，引导"老铁"分享使用过的经验，学会用铁粉来服务粉丝，实现销售。

步骤六　营销互动。当用户已经对产品认可，但还尚未决定购买时，可以进行营销互动，进行营销刺激，促成交易，也叫"逼单"。营销活动包括限量销售、秒杀等，让直播间的粉丝活跃起来，进一步激发大家的购买欲望，实现销售。

步骤七　总结到位。直播结束时，根据人设定位等，设计固定的结束语，并引导关注。

每次直播，只是一次营销活动的结束，也是营销的开始，主播需要及时复盘，总结得失，积累经验。一个月左右，主播就可以驾轻就熟，熟练在线进行直播销售。

直播脚本创作

第一种模式：时段模式　根据销售的产品种类和数量，安排直播销售时段，比如每天直播 3 小时，每 10 分钟一个时段。每个时段分别走以下流程：开场介绍、介绍卖点、现场实验、粉丝互动、分批定量销售、发福利、再定量销售促单。每 10 分钟循环一次，因为粉丝不会一直待在你的直播间里，通过每 10 分钟循环一次直播销售，不但可以吸引新粉丝进入，而且每次直播的互动内容又不完全相同的。同时，主播需

设置多种卖点介绍方式、多个实验方式。这样半小时时间，直播的三个 10 分钟的内容，会有 60% 的不同内容。在此过程中，需要把变化的内容提前策划设计好，并在直播前亲自试验和表达出来。

第二种模式：不间断直播 在一场销售直播过程中，主播提前准备至少三种固定模式，介绍卖点、实验产品、确定互动模式与福利。直播过程中用才艺、互动把上述三项穿插起来。每次穿插时，主播留意直播间人数，只要达到一定数量，就开始卖货，直播推销、优惠、追单，形成一个又一个销售小高潮。

本节提示 ·)))

1. 卖货高手一定对产品高度专业。比如美食类，你一定是个专业"吃货"，这样才能讲到心坎上，才有"吃货"会追随你。

2. 直播文案一定要提前设计好针对不同问题的回复话术，这是直播的魅力所在。

3. 促销是个"硬通货"，各大网红都在用。这就是性价比，最优的性价比，而不是最高的性价比。

4. 羊群效应。大家都有从众心理，从人性出发，满足大家从众心理。比如，主播时常提示已经有多少人购买等。

5. 饥饿营销。每次销售，都要定量投放，不要一次投放完毕，而且直播结束后价格立即恢复。

6. 坚持用户思维，让大家在直播间得到存在感。切忌主播一味地卖产品，不互动，只想着卖货挣钱，这时直播间就成了促销现场，没有人会愿意留下来的。

直播技术（二）：直播间加热留人技巧

新奇特形式的直播间流量提升

在短视频平台，我们经常遇到这样的直播间，一看就懂的趣味游戏、绿豆秧上结了番茄、锅底弹乒乓球等内容，这种新奇特的场景利用人的好奇心留住流量。趣味与新奇特的表演形式，能让直播间热度提升，但是此类泛娱乐类内容，针对的是全人群，不利于未来的账号垂直度打造。在一定时期内，这种操作可以让平台了解这个账号的热度，属于利大于弊的平台认知过程。

直播技术实力提升直播间热度

增粉率是增粉数除以直播间的总人数，3% 以上为合格。评论率是评论数除以直播间总人数，1% 以上属于正常。付费率是付费人数除以观众总数，5% 为合格。这三个数据决定直播间的热度，这就需要主播在直播过程中经常能够引导用户关注、评论和打赏。

直播间贴标签

直播的标题和话题　每场直播开始前，都要输入直播的标题，这个时候和短视频运营一样，创作者要善于使用本行业的关键词，积累相关的话题关键词。比如：直播销售大蒜，我们使用的关键词会有"农业""农民""大蒜""调味品"等，相关的话题关键词有"厨房神器""美食""大厨调味"。通过这些关键词，让平台了解你的直播间基本属性，并准确识别你的直播间。

投放抖加等快速贴出直播间的标签　创作者在直播过程中，也可以为直播间加热的形式贴上标签，针对人群、关键词设置等选项，进一步为直播间添加关键词。

专一产品销售　为了让平台更加了解直播间，我们坚持直播间所售产品不超出垂类的范围，保持其基本的属性不变。比如：专门销售农产品，专门销售食品，专门销售少儿服装，等等。

画面、评论等模式的突出展示　在直播封面设置、引导评论等加强垂类的关键词引导。比如：美食类可以引导粉丝打"吃"这个文字发表评论。

直播技术（三）：卖货前流量获取方法

卖货之前可以通过平台提供的流量渠道进行正常的流量获取，并导入到直播间。这样一方面可以使直播间人流量增加，扩大销量，另一方面也可以活跃账号，用短视频不断锁定目标人群，扩大粉丝规模。

短视频推送

在直播前的30分钟，可以通过发布短视频的方式，为直播间引流。当然，发布的短视频要具有较好的播放量，可以上到热门最佳。这样，观众在看这些短视频的同时，头像周围特有的红色光圈吸引用户点击，从而进入直播间。在直播的时候，我们可以知道用户是通过"短视频"进入直播间，还是通过"同城"进入直播间，轻松掌握访客流量来源。

购买短视频流量

为了增加流量，我们也可以通过购买流量的模式实现。主播可以点击"分享"按钮箭头，有文字提示"上热门""作品推广"。同时粉丝或者亲友也可以通过点击"分享"，这时出现了"帮上热门"、"帮他推广"。通过在线付费，我们即可获取指定的流量。

推广的渠道入口　当然，我们在获取流量的时候可以按平台推荐来执行，平台一般根据你的内容特点来智能化、自动化推荐。其次是"自定义推广"。这个时候，我们可选择地域、年龄等选项，按照自己的直播需求选取参数即可。有些城市特产店还可以选择发布作品地点为圆心，设定半径来定向推荐。第三是"定向人群"来推广，这样可以实现有针对性的营销。第四是"指定账号相似粉丝"投放。在我们选择相似账号的时候，尤其要了解目标账号的基本属性，包括内容垂直度、粉丝年龄、分布、职业、活跃度等。根据自身产品特点，实现二者的最佳匹配。在此提醒大家，选择账号时不要选择头部大账号，就是有数百万粉以上的账号。这些账号通过大规模的粉丝运作，粉丝已经泛化，垂直度不够精准。而那些 50 万到 90 万之间的账号则不然，他们正在成长阶段，内容垂直度好，粉丝垂直度高，转化率自然就高。

推广的"禁止"　我们在进行推广时，要符合平台规则和推广要求，比如 30 天以内公开发布且审核通过、作品原创无其他平台水印、无违规或者引发他人不适、不含特殊内容等。有时平台会提示"违反社区规定""作品涉嫌搬运"等不能推荐。这时，需要特别关注一下自己的内容，不要出现违规情况，以免带来账号权重的降低。

不过，按照反向思维，我们也可以通过点击"推广"，来诊断一些作品为什么播放量上不去，从中寻找解决问题的路径。另外，当短视频的自然流量还不够热门级别，但是接近时，就可以通过投放推广助推，

催生"热门"。

推广的评价 我们的目标是通过推广增粉，或者提高销量，这时就需要对自身的推广效果进行评价。

一般情况下，我们进行推广，都是按照从小到大来进行，先投最小量，或者先与最小的"网红"合作销售，从中积攒经验。比如，先投50元或者100元，投放结束后，根据平台反馈回来的推广数据进行评测。本次投放增粉几人，如果增加一个粉丝的成本超过3元，就是不成功的。本次投放销量增加多少，实现的利润是否可以弥补流量投放的金额。如果可以，就可以再加倍投放，再次评测数据。一直可以实现盈利，就可以持续追加投放的金额。

推广投放的技巧 首先是成本核算，这个在推广评价里有介绍。其次是投放的内容。即有可能上热门，有投放潜力的作品。如果作品自己都没有自信，播放数据一般，就可以放弃投放。第三是投放的时间。投放与直播持续的时间一致。第四是投放的位置可以选择"粉丝"或者"同城"。一般情况下粉丝投放是比较保险的，但是需要对粉丝有足够的了解，并与他们的习惯相一致。我们还可以根据产品特点，选择投放"同城"，尤其是具有强烈本土特点的产品和内容，可以通过"同城"增加共鸣点，实现最佳的推广效果。第五是投放的目的。我们在投放时，平台会给出选项，如"增粉""增加评论""进入主页"等。通过选项，实现最精准的投放与最大化的转化。

本节提示 ·))

1. 从小到大投放，从少到多投放。

2. 计算直播间的流量转化、销量转化，核算成本。

3. 主播在直播间互动，增加直播间热度；增加趣味环节，提高粉丝留存时间，不断加热直播间。

4. 分享到外平台，获取亲友支持。

5. 直播间可持续进行游戏，留住观众增加热度值。

直播技术（四）：销售过程中的流量获取

在直播销售过程中，我们也可以通过特定渠道实现推广。这时，主播点击直播间的"分享"小箭头就可以实现。同样，推广的选项可以参考短视频的推荐模式。

直播前预告分享

在开播前，主播在直播开始页面，可以选择"分享给好友"和"分享到朋友圈"两个分享类别。我们可以根据平台提示进行分享，为直播间导入朋友圈的流量。

在直播开始页面，一般都有直播类型的分类。比如：视频直播、语音直播、录屏直播、游戏直播等。视频直播是通过视频的形式进行直播，摄像头可以选择对着主播或者特定场景；语音直播是通过声音进行直播，不显示主播。录屏直播和游戏直播相似，把手机屏幕上的操作

进行直播，包括手机界面显示的内容，全部显示在直播间。除此之外，电脑端也可以通过账号进行直播，通过提前下载"直播伴侣"软件进行直播。

购买直播间流量

在直播过程中，通过点击"分享"，找到"推广"选项，所显示项目与短视频推广项目相似。这里可以有针对性地选择你的直播间人群对象，也可以选择购买的目的，包括商品、人气、互动、涨粉等。

当然，主播使用该功能进行商品销售时，一样执行短视频推广的原则，即先少后多，先算再投。从小往大投，计算投入与产出比是否可以接受，决定是否继续通过购买的形式继续投放。

连麦 PK

连麦是直播平台最常见的具有丰富娱乐性的一种直播间玩法，通过平台提供的 PK 功能，实现两个直播间的互动，双屏合一、粉丝共见。因为双方粉丝可以互见，直播观看用户二合一，因此也成为连线 PK 卖货的重要渠道。

PK 卖货　获得网红与你的连麦有几种渠道，一是提前联系，进入网红主页，都能找到商务对接的联系方式，可直接联系，洽谈卖货的费用与佣金比例。二是通过在网红直播间"打榜"，获取直播连麦权限，网红直播时提前预告"连前三"。因此，可以尝试打赏一定费用，获得排名，取得连线的权限，让主播帮助你卖货。在寻找目标网红的时候，新农人要通过一些专业工具，分析他的用户特征，尽可能使网红粉丝与产品的消费人群相统一，或者属于同一个垂类，这样才有最大的转化率。

提示：因为涉及费用问题，一般建议新农人从小到大尝试，积攒经验后，再进行此类操作。

PK娱乐 PK连麦做好，你一样可以成为网红。这种连麦一般都是娱乐型的。娱乐主播要营造冲突感，具有PK"火药味"，同时设置有期待的惩罚性游戏，以此形成悬念，形成直播间的人流量聚集。

提示：主播应及时关注平台发布的禁止性内容，避免触犯规定而直播间被封。

PK技巧 了解对方主播情况和产品情况，双方充分沟通，做到知己知彼。连麦时要注意，连麦是为粉丝服务，要避免出现两人很嗨，把观众丢到一边的情况；彼此尊重，发生争执时理性面对，尤其不能出现违规内容与言辞，这将成为别人的把柄和平台处罚的依据；双方沟通好，可以进行一些冲突感营造、戏剧化的环节，增加直播间的热度。

注意事项 在PK时注意着装和妆容，不能太随意，提前准备一些道具。PK过程中提前设计好环节，确保通过别人直播间人流量实现销量增加，其模式与直播带货注意事项相同。娱乐主播则要做好才艺展示、直播间游戏互动，保持良好心态，自始至终服务粉丝。

有备而来提升转化。准备直播与带货的所有素材与脚本，要提前连线预演，确保最佳的连线效果。下表为普通的脚本设计，供参考。

时间模块	内容模块	说明	福利	话术技巧
前10分钟段	引流，与粉丝交流	开场，互动	关注有红包	双击、爱心、关注，感谢
11~20分钟段	新品介绍	卖点价格，不断重复价格	抽奖，福利	评论、转发、抽奖

21～50分钟段	PK与展示	连麦，产品试验，介绍并突出自己。不断介绍成交价格	不断强化产品卖点，进行试验、试吃等体验	自然流畅，卖点精致打磨、PK另送小礼品促销、道具等。该环节可以反复进行，销售产品
最后10分钟段	结尾	下期产品介绍，最后福利等	送店铺优惠券进行促销	保持激情，介绍自己，突出人设

同时，主播也可以根据产品特点，设置不同时间点的任务表，开场聚人、留人、展示产品、证明品质、验证试验、说服阶段、互动催单或者"逼单"。比如："最后价格""直播间价格""下播恢复原价"，等等。

本节提示 ·))

1. 直播间增加停留人数。这个需要有可持续的环节，比如试验、直播间红包、抽奖等。停留人越多，停留时间越长，直播间越热。

2. 直播间投放可参考短视频投放思路，将保本不赔原则坚持到底。

3. 话术准备。直播间卖点、价格、活动、促销等环节，提前准备好话术，语言简单有力，朗朗上口。例如："好吃不贵，买着实惠""教育剁手媳妇""这是好机会"。

4. 做好总导演的角色。产品搭配、营造效果氛围等各个环节，全部由主播确定，这就需要导演思维。创作者脑海中要能够呈现流程效果，并不断改善。同时，做好口播规划和总导演规划。

5. 善用直播间工具，比如选择主讲产品，价格与库存的修改，商品橱窗讲解等。

6. 开展秒杀、福利、限时优惠等互动营销措施。

7. 利用好当地的乡村宝贝。相对城里用户，乡村好多东西都是宝，比如丝瓜络、艾草足浴包、玉米须等，价格低廉，随时可以拿来作为福利进行赠送。

直播技术（五）：货品卖点的宣传

卖点是你所销售产品的商品价值点。在直播过程中，通过语言与场景的配合，实现卖点的宣扬，进而打动用户，形成销售。寻找卖点并表达卖点，可以通过功能特点、实用优点、用户利益相关点、竞品相比的突出优势等，通过一句顶一万句的提炼，形成你直播时的卖点宣扬的台词。比如：铁棍山药，全国老中医都认可的"神仙之食"，硬核药食同源滋补品。

展示卖点和验证卖点　商品拿在手中，直播展示其卖点，通过视频直播画面突出卖点的细节。比如：销售某品牌牙膏，现场验证办法就是刷掉鹌鹑蛋上的深色斑点，这是对这款牙膏最直接的功能介绍。虽然用户也不清楚用普通牙膏是不是也可以刷掉色斑，但是主播用这种展示与验证，让很多人看到了效果。

卖点的说服　找到卖点是要激发顾客的消费欲，实现卖点说服消费者购买。在我们已经验证了卖点和试验过程之后，可以通过买家留言、评价、产品检验报告、产品认证数据等来说服用户，加强货品卖点的存在与真实性。

本节提示 ·))

1. 卖点提炼精准得当，尤其是农产品，可以突出原产地的价格、高品质的出产、无公害无污染的产地等。

2. 直播电商是人格化的销售，需要强化自己的人设与价值。你是助农销售，还是绿色产品严选，抑或是美味猎人等，需要一个清晰的价值点。

3. 有热点视频，也有热卖产品，卖点选择与平台热卖产品节奏保持一致，寻找最大转化率。

4. 做好爆品，注意以下几点：真实表达产品，能验证优势，有客户积极反馈，刚需产品，特点鲜明，解决生活痛点等。

 直播技术（六）：直播环节设计

在直播过程中，主播是整个场景的推动者，也是直播营销形成销量的核心因素。在这个过程中，营销互动显得尤其重要和关键。常用的营销互动有以下几种：

抽奖　在直播过程中，平台提供有抽奖工具，可以直接使用，有的平台根据账号权重匹配"抽奖"功能。主播还可以通过截取"评论"模式，确定前几名获奖，以此增加直播间的互动量，而中奖者可以免费获得产品。

互动送福利　主播通过互动回答问题、游戏等方式送出福利。福利产品是明显低于市场价的产品。

秒杀　平台提供有秒杀工具，可以通过少量投放产品，付很少钱的情况下获得商品，以此不断积聚直播间人气，形成销售。比如：直播预告即将秒杀，这个预告和互动适当的延长时间，三五分钟为宜，然后进行秒杀。

限时抢购　为让顾客付诸行动购买产品，主播可以把一定量的特价产品投放直播间，限 20 秒抢购。这个成交价是微利模式。那么，如何确定投放量呢？通常的做法是，主播在直播间发起一个互动："大家想购买这款产品的扣 1"，通过屏幕上的评论数量，主播可以进行一个在线意向购买用户数量的初步评估。如果直播间 200 人，扣"1"的预计在 30 人左右，那么就可以投入 20 件抢购产品，让大家去抢购。

通过营销的互动，我们可以快速提升直播间的人气。这时适时推销盈利产品，并进行充分互动，实现销售与盈利两不耽误。

在营销环节，消费者除了在意产品品质和实用性之外，价格一直是下单的最大影响因素。纵观全网各大网红、名人等直播就不难发现，大家所卖产品一定是有着优惠的价格，甚至是号称全网最低价。

这就要求主播在从事这份工作之前，尽量找到物美价廉的供应商，建立起属于自己独有的核心产品。

在直播带货的不断演进中，主播场景搭建愈加专业化，整体的场景效果、娱乐感、策划感更加明显。我们要把直播带货当成一场销售活动，进行充分的策划安排。在这个过程中，编剧思维下的环节与场景设计要足够重视起来。

场景搭建　根据产品的特点及卖点，进行专门的场景化设计。比如：洗衣液去污效果的展示，可以白布染黑，再洗白。这个场景搭建就需要设计好镜头对的方位、动作、展示技巧等，更加突出产品卖点。

主角、配角、嘉宾安排　直播间有时是一个人，有时是一家人，根据产品的需要确定直播间的人数。如果直播间有空间，人员充裕，

可以增加人，增加人与人之间的交流与互动的环节。主播也可以邀请嘉宾到现场，或者现场连麦。这些都需要有编剧和导演思维，安排好人的戏份。但是，这个过程是对真实情况的呈现，而不能在产品上有一点造假成分。

服装、化妆、道具安排　美妆类、服装类直播要尤其注意人的外在形象。有时为建立反差，可以设置特别环节，采取"欲扬先抑"的形式，让无妆者、不擅服装搭配者上场进行产品现场展示，再进行专业改造，呈现卖点和效果。有时，主播现场使用一些道具，可以更加清晰地展示出细节和产品特点。

本节提示 ·))）

1. 及时回答问题，点名式的回答问题；也可以主播问，观众答。

2. 抽奖是提升观众活跃度的重要手段，适当拉长互动过程，持续留人。

3. 求关注、求点赞、求转发。

4. 根据直播间情况设定互动环节。人少就用秒杀刺激一下，人不互动，就用表演或者提问热一下。

5. 互动就要嘴巴甜、话术美、情感足。

直播技术（七）：直播间的互动与加热

直播过程是主播培养忠实用户的一个过程。在这个过程中，需要不断地与粉丝互动，引导他们进入直播场景，达到主播与观众的内心互通，建立起良好的交流感和产品的代入感。

点赞　双击屏幕或者点击小红心，增加直播间的点赞数量。通常采用的办法就是号召大家点赞："各位家人，双击屏幕666""大漂亮们，点个免费红心交好运"。

评论　想要提高评论互动数量一是可以号召观众，让大家直接"评论区分享你们的看法"。二是通过游戏、话题互动实现。比如："大家门口超市里的大蒜发评论提供一下价格，让我了解一下全国行情。"这样也可以让大家充分知悉你所卖大蒜的实惠价格。

转发　主播在直播过程中引导粉丝转发。

红包　红包功能可以有较强的娱乐性，而且可以选择几分钟后开抢，实现在此期间留人的目的。因此，用好红包，可以很好地保持和提升直播间的热度。

礼物　刷礼物可大可小，这不仅可以让粉丝互动起来，还可以增加整个直播间的热闹氛围。所以，主播要善于利用刷礼物来"炒热"直播间。当然，为了增加"铁粉"的黏性，主播也可以通过平台提供的"粉丝团"等工具固定成为一个群落，或者在对方直播间"回刷"，相互加热互动，这叫来而不往非礼也。

增粉　当直播间人流量上去，一是要卖货，二是要提示加关注增粉。比如："点击左上角，早关注不迷路。"每个卖货高手，不仅是内容高手，更是获取"铁粉"的高手。在直播间里能按照你的号召点击"关注"，说明对主播非常认可，更容易成为未来的"铁粉"。

加粉丝团　为不断扩大"铁粉"规模，保持黏性，主播应提示粉丝加入"粉丝团"。比如加入粉丝团，福利马上发放。加入粉丝团，"铁粉"就有高于普通粉丝的体验。比如，加入粉丝团，就能拥有专属的粉丝徽章，在聊天时展示特殊的昵称颜色，获得平台提供的道具，以特殊样式发送弹幕，拥有特殊进场特效。

本节提示 ·))

1. 直播间互动与营销互动同时进行，营销互动功能之一就是为提升直播间热度。

2. "不索何获"——互动数据主要靠主播引导和请求。

3. 评论要有不错的话题感，不断引导利于营销的话题。

4. 利用好新农人特殊的身份，如支持新农人，支持"地球修理工"。

5. 面对镜头和话筒做一个特别的普通人：说话有趣，人有魅力，价值传递，自然直播间能留人，也有转化率。

直播技术（八）：售后管理与服务流程

增值服务

当商品发出，初级主播可以在投寄产品中附赠一些小礼物。比如，海鸭蛋同时另赠一种产品的试吃装。用户获得的意外惊喜可以增加用户与主播的互动与黏性。

答复技巧

并不是每一份产品都会正常收货和评价，当出现退货、退款、换货时，要特别注意服务的技巧。

倾听　当对方满怀期待打开包裹，发现产品出现问题，或者并非自己想象中的商品，失望带来的负面情绪在所难免。作为一个电商主播，此刻一定要避免跟着他进入负面的节奏，要清楚知道互相指责解决不了问题。首先要做的就是倾听。倾听过程不断用"嗯""是的"等回复，表明你正在认真倾听，让对方把负面情绪的"气球"释放一部分出去。倾听时同步做好记录，避免服务错对象，搭错话。

沟通与评价引导　客户倾诉完成后，在沟通环节中，不要对客户进行指责、纠正等负面评价，而要肯定认可其中的问题，引导客户情绪回归常态。

谅解与理解　根据沟通信息，表示对客户的理解和歉意。比如"理解您""真的抱歉"，等等，并向解决问题方向引导。

主动提出解决办法　当情绪调整完成，事实基本清晰，经过核查，主播及团队可以主动提出解决问题，并给出基本靠谱的问题解决方案。

友好协商　双方根据文案提出观点，保持友好协商的态度，促成通过双方合意的解决方案。当协商无果，或者顾客特别棘手，对这个销售服务员意见很大，售后可以与同事充分沟通之后，转交更有经验的同事处理。

跟踪服务　根据解决方案，售后主动联系事主，了解问题解决的进展情况，并做好记录。在电商运营中，退货、退钱、换货是无法避免的事情，尤其是一些退单率比较高的商品门类，这时就需要掌握其中的原则。事情核实清晰，责任划分明确；始终真诚态度，微笑与诚信同行；确认商品状态，图片视频存档；物流问题快速反应及时处理；产品质量问题、生产过程问题做好记录，及时调整销售节奏和产品构成。非质量问题尽可能不退换；发现问题，积极主动联系买家。

用户群落设立　在经过一段运营之后，主播经常把客户进行群落化归类整理，拉群互动，逐步建立起自己的群落。这也是公域流量转化为私域流量的一个常用办法。

行业间协作机制　为不断扩大私域流量规模，主播可以横向联系

不同的卖家或者商户,大家结成一个商家社群,互推互动,合作共赢,可以很好解决初期流量不足的问题。

本节提示 ·))

1.售后惠"送"。多利用乡村常见的农产品随礼。这个礼根据自身主要产品进行选择,如"植物标本＋主播签名""花椒叶"等。

2.售后问题。尤其是质量、物流、退换货等,口甜、态度正、快解决,最忌生硬、耍性子、玩心思。因为谁都不傻,买你产品的粉丝才是真爱。

3.拉群拉人就是攒财富。可以拉微信群,从公域流量向私域转化。建群的前提是你能服务好这些"铁粉",管理好这些群。

4.每群不超100人就不用绑定银行卡,不用开通微信支付。

5."合纵连横"战略。合纵就是联合更多的小网红、供应商,大家抱团取暖,互利共赢。主播需要做到认清人、认准产品。连横就是联合大主播、大企业,做小主播不能做的事,实现增粉和品牌化。

直播技术(九):5 000 粉如何年赚 20 万

5 000 粉能够干啥?我们以 5 000 粉为例分析一下,众多主播究竟面临的是怎样的未来。

5 000 粉不仅仅是个数量

5 000 粉丝不多也不少,是否有价值就要看这 5 000 人是否有足够的垂直度。这 5 000 粉是综合人群,还是 5 000 名宝妈、吃货或者是户外爱好者。如果是后者，创作者变现将不成问题，而前者需要继续培养自己的账号。

账号主角是否出镜

在短视频涨粉过程中，有好多创作者只拍摄和介绍场景，而自己这个主角却鲜有露面，人设与内容人格化比较弱，粉丝认的是内容而不是这个人，或者对创作者比较生分和模糊，这时的变现能力就比较差了。

用小店直播带货

你的账号垂直度可以，而且经常出镜，5 000 粉的创作者就可以快速开通小店，进行直播带货的操作。这个直播首先要知识准备充分，了解直播间特点、粉丝特点、互动技术、基本话术、追单技术等，会用自然流量直播，每天不低于四个小时，每天进行复盘，坚持一个月，能够充分把握直播间节奏，并进行相关的销售操作。

购买流量扩大销售

任何一个流量平台，都不可能让你白"薅羊毛"。因为，流量是平台挣钱的核心渠道。创作者想在平台赚钱，就要学会与平台合作，大家一起赚钱。比如：在平台开通小店之后，我们进行豆荚的投放、千川的投放等，通过流量购买，锁定目标用户，实现销量提升。在投放时，我们要通过测试形式，计算投产比，量入为出，最后扩大投放。比如：第一天，投200元，分析数据，复盘。第二天300元，再复盘分析。第三天，根据调整进行300元投放，计算投产比。可行就追投，不可行就寻找原因，解决问题，确保投产比的正向。

从货带人到人货相带，再到人带货，再到货带人

一开始，创作者需要用优质货品、高性价比货品进行销售活动，通过销售形成固定的粉丝群落和直播间的热度。这是直播带货的初期，主要用产品形成销量，打造直播间。在发展一段时间之后，积累了一定的固定用户，主播这个人与货相互增进，形成销量。创作者带货发展到成熟阶段时，粉丝都认可主播，这时主播能够起到为产品背书的目的，活跃用户持续提升。最后一个环节，直播带货的本质是"货"，有优质供应链，高性价比，高销售体验、高售后服务，回头客增多，账号越发具有品牌专卖店的特质，主播从此进入运营的最佳时期。

5 000 粉丝用户，每天直播 4 小时，粉丝量与带货量将持续提升，年赚 20 万元不是梦。

本节提示 ·))

1.直播带货不仅是个技术活，也是体力活，需要较强的意志力，坚持，再坚持。不断直播，不断复盘，不断学习。

2.直播带货选品环节是新农人最为头痛的事，选品与内容一致、与直播间人群一致，还要确保品质与售后服务跟得上。

3.扩大销量不能急功近利，需要稳扎稳打。直播技术不到位，买来的流量主播也把握不住，投入就会打水漂。

4.年入 20 万元是目标，必须有成熟团队，先用好自然流量，再探付费流量。

5.直播带货，"货"将一直是重中之重，但不是越多越好。新农人先从身边容易把握的产品做起，尝试做成爆品，再扩大产品规模。

第二篇

新农人网红案例

> "乡村振兴，人才是关键。要积极培养本土人才，鼓励外出能人返乡创业，鼓励大学生村官扎根基层，为乡村振兴提供人才保障。"
>
> ——习近平 2018 年 6 月在山东考察时指出

● LIVE

1. 乡村生活类

乡村生活类账号运营要点

乡村生活类短视频形式

在微信平台"一条"账号快速火爆，其以精致生活短视频融入互联网，突出生活美，突显格调生活和品质生活，也因此成为短视频线上线下快速运营的业界典范。

西瓜视频、好看视频等开启手机端横屏视频模式，这类生活类短视频 2～5 分钟，记录生活中一个完整的故事化段落，通过写实的记录来呈现真实生活，播放量可获得平台流量分成。抖音、快手以手机竖屏形式，轻量、片段、趣味化小微视频为主，彰显创作者的个性与特点，内容与形式较为丰富多彩。

乡村生活类短视频火爆的背后

贴近生活 贴近乡村生活是此类短视频火爆的最大原因。通过浓厚的家庭氛围，丰富的情感表达，乡村生活更容易形成价值认同。比如，西瓜视频账号"牛不啦"，一家三代、两个兄弟共同生活在一起，一家有婆媳、有妯娌、有母子、有兄弟之间的故事，更有下一代的故事。这中间还有一个能说会道、知书达理、风趣幽默的婆婆穿针引线，展现家庭亲情故事，其婆婆也成为账号里最大的亮点。

内容生活化 生活化内容降低了创作门槛。真实记录生活，甚至只是一个生活场景的完整呈现，简单编辑就可上线，真实场景、真实情感，制作方便，具备良好的大众普及度。比如，西瓜视频账号"泥土的清香"，通过夫妻去田地摘瓜、去地窖查看红薯等内容传递丰富的乡村生活。

观众接受门槛低 生活类短视频以实际场景示人，用户观看时接受门槛低，可以实现充分的互动。另外，一些生活科普类短视频，使专业的内容在特定生产生活的场景下展示，表达方式形象化、生动化，

十分容易理解。比如，一道菜的做法、衣柜的科学整理方法、家庭插花艺术、农业种植技术等。西瓜视频账号"付老师种植团队"就是专门普及农业科技知识的账号。

乡村生活场景与内容千变万化，民风、民俗、技艺等丰富多彩，这些场景成为账号吸引粉丝的独特优势。

乡村生活类短视频的挑战与机遇

生活类内容片段轻量、传播快捷，但是用户不够沉浸 在短小精悍的前提下，做实内容的信息量、提高内容密度是乡村创作者需要考虑的问题。比如，动辄四五分钟的短视频，就需要适当"浓缩"一下，毕竟"有料"才有较高的收看数据。

生活是真实的历史，每个人都具备成为历史的素材。但另一方面，生活又是千篇一律的，新农人在强化乡村生活的地理区域、民风民俗差异化之外，要从自身寻找更多标识点、个性点，进行趣味化传播，这是账号运营自始至终需要坚持的原则。

视频带货与精彩内容呈现是统一结合体，内容经济时代，当过于注重变现，轻视用户体验，就失去了粉丝关注你的初衷，粉丝被打动的频率就会降低，账号运营的衰退期将提前到来。但是，个人形成卖货 IP 后，专业销售也是聚粉利器，由人物 IP 向"专卖店"转化。

针对每一个账号，乡村生活是重复的，选题库枯竭、创新天花板低、改版提升能力不足，这会影响到乡村生活类内容的持续增粉变现。

平台流量补贴模式与自身变现结合　在乡村短视频领域，电商变现是重要的渠道，生活化视频能够"种草"，也能够植入产品，形成内容经济。比如，拍摄家人去地里栽红薯（甘薯）、收红薯，就会呈现种植场景与具体操作，这就为用户随后购买埋下伏笔。除电商之外，横屏模式内容的播放量也能够实现良好的变现，粉丝观看视频每1万人次，平台补贴50～100元不等。新农人创作内容质量较为优质的，可以考虑该渠道的变现。

区别对待内容平台与电商平台　抖音、快手属于内容为基础的平台，账号的内容与变现运营就需要在二者间找到平衡。而淘直播、拼多多是电商平台，目前虽然有内容服务模块，但是平台均是以销售产品为侧重点的。

"欢子TV"：有的放矢

昵称：欢子TV

姓名：曹欢

出生年月：1997年6月

账号：huanzitv2018

平台：抖音

粉丝：164.4万

住址：贵州省黔东南苗族侗族自治州剑河县

何为"有的放矢"

针对一个群体，生产短视频为其服务，用乡村生活的真实内容触达其内心，实现共鸣，做他们的贴心人，实现内心的沟通和粉丝的汇集。

欢子TV，作者曹欢，做自媒体前是一名保安，后来摸索短视频拍摄制作，专注拍摄农村原生态生活，一个人一个账号，包揽策划、拍摄、出镜、剪辑、发布全部工作流程。欢子以打工族为主要目标受众，因为内容有着浓厚的乡村生活质感，对城里人、生活在乡村的人都能产生巨大吸引力。

"不安分"的保安

欢子是苗族人，家住在贵州省黔东南苗族侗族自治州剑河县南哨乡章汉村。2008年，欢子初中毕业，揣上老爸给的800元钱，开始了自己的打工生活。在江南市场做过蔬菜搬运工，学过木匠手艺，做过保安。其中，在保安岗位上，欢子迎来人生的转机。

欢子利用保安工作的闲暇时间，看了很多短视频，开始摸索着自己来拍段子。他拉上几个同事，从搞笑视频开始创作。因为画面有冲击力，有冲突感，有最后的反转，所以播放量非常可观。

欢子有一个在报社工作的朋友，名叫曾哥。他看到视频后告诉欢子："2018 年是短视频的爆发年，你要有兴趣可以去做自媒体。"

当时，欢子对什么是自媒体有点懵，能不能赚钱，能不能养家糊口，他是一无所知。曾哥告诉他，做自媒体不仅可以赚到钱，还能做成职业，做成事业。欢子按照那位曾哥的建议，一不做二不休，干脆辞掉工作，开始把全部时间和精力投入到短视频的创作当中。

其实，欢子当时也有过犹豫，转念一想，自己这么年轻，大不了回来继续当保安，这才把工作辞了。欢子先后开通了头条号、抖音号，还花费 2 000 元钱买了个过时的 iPhone 5，自媒体之路正式开启。

其实在现实当中,好多乡村网红一开始的条件并不好,而那些工作相对稳定的人群又少有人做自媒体。稳定的环境不容易改变自己,稳定的人也多半坚持不下来。于是,机会就流走了。

赚钱没有那么简单

第一个月,欢子在头条号的播放收益只有 1 279 元。他有点受挫,怀疑搞笑视频是不是不太适合自己,就琢磨改变一下节目方向。欢子作为一个打工仔,深知背井离乡人的苦楚。想家,想念家里的田地,想妈妈做的菜,想村里的人和事。他突然脑海一亮,自己先拍一些农村原生态的生活视频,广大农民工会不会特别喜欢呢?想到这里,他心里还是挺激动的。

可是,按照新路子拍摄的第二个月,欢子只有 1 200 元的收入,交完房租勉强够生活。第三个月更差,只有将近 1 000 元的进账。为了坚持做下去,拍到原汁原味的家乡生活,欢子回到了贵州老家。

老爸一听欢子回家就为拍短视频,就气不打一处来:"人家都在外面打工挣钱,你待家里不像话。"在村里,绝大部分年轻人都在外地打工,只有欢子待在家里,东拍拍,西转转,在人群里显得有点另类,村里人也议论纷纷。

初见成效

欢子还是坚持拍视频。按照自己定的方向,让打工人看到乡愁,他开始大力度创作山村的生活类内容,比如捉鱼、割稻、炒扁豆、煮南瓜粥、放牛、烤鸡,等等。欢子没有想到,这些题材的视频出奇地受欢迎,流量暴增。欢子最早发布的一条视频"有多少人会羡慕农村人的生活",拍的是欢子家旁边的一处田园,当天播放量就有 280 万,评论有 15 000 条，欢子花了整整一晚上时间才把评论完全回复。他说："那个滋味太美妙了。"后来有一条介绍苗族过年习俗的视频，播放量达到了 800 万次，欢子觉得特别满足，粉丝还夸他传播了苗族的文化。欢子的干劲更大了，用节余的钱买了个 DV，后来装备了单反相机、滑轨和无人机，拍摄制作的设备越来越专业。

欢子回忆起这些，嘴角浮现出满足的微笑。目前，"欢子 TV"的播放流量继续上涨，也吸引了很多粉丝，每个月收益差不多有三四万元，生活得到明显改善。欢子不仅有现金收益，粉丝的鼓励也让欢子充满信心和动力去创作更多内容。"欢子 TV"账号有一条炒扁豆的视频，有个粉丝先打赏了欢子 4 000 块钱，然后评论说："在国外的我，想妈妈了。"欢子还有一个 6 岁的小粉丝，一天打来电话说："欢子哥哥你今天怎么还没更新视频啊。"欢子特别感动：无论如何都得保持正常更新，不能辜负粉丝真诚的期待。

欢子介绍说，"欢子 TV"目标用户有三类，一类是农村人，他们看到视频，也是在看自己；第二类是对农村生活感兴趣的城市人，很多城里人工作压力大，其实是很向往农村生活的，通过"欢子 TV"这个窗口，可以看到真实的农村；第三类是最大的一类，他们是在外打工的农村人，他们通过看欢子的视频消解对家乡的思念之情。

突破天花板

在连续拍摄了 300 多集的短视频之后，欢子所在的村可选取的素材越来越少，选题遇到了天花板，欢子当时心里挺发愁的。在打理账号的时候，欢子收到了一条湖南粉丝的私信："欢子，你可不可以来我家乡拍摄呀，你要来的话，我在家给你摆酒席。"欢子觉得挺好玩的，正好也缺新的题材，就坐火车过去了，拍摄粉丝家的小村子，呈现更多

地方的生活状态，播放量竟然也达到 100 多万。

后来，欢子启动了一个计划，走到中国更多的农村去拍摄视频，并给这个计划取了个名字叫"走进千村万户"，争取五年内走遍一千个村庄的一万户人家。这个系列报道对欢子自己来说，减轻了内容持续更新的压力，获得了源源不断的选题。对粉丝来说，可以看到更多的原生态乡村生活，看到各地不同的民俗文化，目标用户得到更深层次的服务。

收益分析

目前，"欢子 TV"年纯收入 50 万元左右，短视频彻底改变了他的人生走向。

内容为小店导流是实现变现的一种模式。欢子主要通过账号的小店进行变现，不仅包括本地农产品，还包括全国其他地方的"助农销售"，小店的电商变现比较可观。尤其是每样产品欢子亲自拍摄，亲自体验，为产品品控把好关。再加上欢子常去全国各地互动，扩大内容的宽度，也增加了产品的种类，因此流量与销量都能得到提升。第二个变现就是植入广告和平台流量分成，目前这也成为重要的收入来源。

组建账号矩阵，快速形成规模传播。随着账号走强，欢子拉上两个弟弟加入，他们原本在外打工，经不住欢子说拍视频能挣钱，就回到老家加入了"欢子TV"一起拍摄、剪辑和运营账号。两个弟弟在欢子带动和帮助下，也开始运营属于自己的账号。原先村里嘲笑欢子的那些人，投来了赞许的目光。有的文化人还夸欢子是"苗家的窗户，全村的偶像"。甚至还有邻居来央求：能不能教他儿子拍视频。

未来，欢子给自己描绘了一个"深耕乡村产品，优选农品专家"的人设路子，那就是打造资深"乡村优品选品官"形象。

欢子的经验

1. 乡村生活和地方民俗在互联网上有着强大的生命力。

2. 真实，走心，让目标受众群体产生共鸣是"欢子TV"的成功之道。

3. 学习借鉴、策划提升为账号发展提供无限可能。

4. 拓宽选题与产品，增加播放量与产品销量。

"巧妇9妹"：借"巧"生事

昵称：巧妇9妹

姓名：甘有琴

出生年月：1981年7月

账号：29672309

平台：抖音

粉丝：431万

住址：广西壮族自治区钦州市灵山县灵城镇苏屋村

何为"借巧生事"

"巧"是一种天赋，有的人手"巧"，有的人心"巧"，有的人技术"巧"。"巧"是指超过常人的某个长项，如果具有很好的表现力，围绕自己的"巧"，把"巧"做到极致，就有了传播力。新农人进行创作的关键是要找准并放大"巧"，便可实现自身最大的价值。

"巧妇9妹"账号有粉丝431万，九妹年龄不大，却是一个美食达人。她通过制作美食视频，融入地方风土人情，兼顾自己生活场景展示，可看可学，真实可亲。账号销售当地农产品助农，三年累计销售3 000余万元，成为当地乡村产业发展的有力推手。

大侄子是引路人

九妹生活在钦州市，地处山区，当地盛产橙子等水果。她在没有成为网络达人之前，跟普通的农村妇女一样，每天早上去地里干农活，晚上回家煮饭收拾家里，

照顾孩子和老人。九妹从来没有想过，扎根山村的自己会拥有数百万粉丝。

这一切起始于 2017 年 5 月，九妹的大侄子回老家，特地找到热情、开朗的做菜高手九妹，说："婶子可以把日常做饭的生活拍成视频，再上传到短视频网络平台上，就会有不错的发展机会。"后来，这一新事业也获得了九妹老公的支持。

九妹的第一个视频是"肉末蛋挞"。上传后，第一天就有 20 多万人观看。九妹和丈夫都很激动，没想到做一道菜观看的人数比全镇的总人口还要多。从此，九妹拍摄美食就再也停不住了，也有越来越多的朋友喜欢看她做饭，看她有滋有味地过着乡村安稳快乐的小日子。

拍摄短视频成为职业，这在村里还是头一回。九妹经常看粉丝评论和留言、聊天，成就感、自豪感油然而生。2019 年有一段时间，九妹每天上传 3 个视频，全天安排得满满的，从早上天不亮持续到深夜，不敢停歇，非常累。但是，晚上回家看到粉丝的留言和评论之后，九妹一身劳累烟消云散，第二天像充满了电，继续全力以赴。九妹好像

有了一种责任。毕竟，一天不更，就有众多粉丝询问，有几百万粉丝信任和惦记着她。

短视频也要"慧"眼

"巧妇9妹"看名字就能想起"巧妇难为无米之炊"的谚语，与美食相关。所以，账号定位是美食专栏，名字有内涵，还能表达目的，朗朗上口，的确是个好名字。

九妹长期做美食，慢慢地选题库就有点枯竭，不知道做什么了。而此时，九妹的账号的粉丝量已经超过百万。为了更好地服务粉丝，九妹短视频的引路人，也是她的团队成员——那个大侄子又出了个锦囊妙计：建议转型，以乡村为基础，围绕生活，拓宽选题领域。九妹尝试着向乡村生活类拓展，不再局限于做美食。九妹告诉我们：做自媒体就是要与时俱进，不可能一直在原地踏步，围绕乡村这个总定位，农村妇女做美食这个最大特色，向更多领域探索。

农村生活纯朴、真实，而且一村一户一貌，很多城市的朋友没有体验过农村生活，内心是对此很向往的，这些人成为九妹粉丝的一个重要来源。农村人为了生计外出打工，也很怀念乡村的日子，成为第二大粉丝来源。比如，九妹平常去摸螺抓鱼，管理果园、摘果，这些都能引起粉丝强烈共鸣，取得数十万、上百万的播放量。再发现些不寻常的"点"和有趣的事物，这些选题都能带来很高的播放量。

说到视频的互动，九妹坦言：平常视频里要有能让粉丝产生高度共鸣的点。这取决于选题，选题中带有趣味，记录真实发生的故事，平常生活也能让粉丝感同身受，能和九妹一起开心，一起烦恼，感觉九妹就是他们最亲近的朋友。因此，九妹认为，善于发现生活中的趣味点、价值点、切入点，就可以实现化平常为神奇的传播力。

九妹的电商营收

九妹是广西灵山人，这里的环境很适合种植水果，是全国水果的生产基地之一。这为九妹发展电商，进行电商经营提供了优质的产品基地，具备良好的供应链体系。九妹有 400 多万粉丝，再牵手水果，不仅能帮助解决水果滞销，还能充满乡情地销售家乡特产。

不过，九妹做电商并不是一帆风顺的。她们刚开始卖皇帝柑的时候，预售总量远超九妹的预期，没有把控好质量就匆匆发货了。随后，树大招风的负面效果出现了，各平台各种评论九妹，有的说九妹骗粉丝，有的说她为钱啥也不顾了，有的要退款退货。那段时间，九妹压力很大。后来在家人的鼓励下，九妹先跟粉丝朋友们道歉、退货、退款，严把质量关，一段时间之后，她慢慢赢回了粉丝的信任。

除了电商销售之外，短视频播放量也能带来收益。另外，直播有打赏的收益，但九妹都很少让粉丝朋友们打赏，她主要是通过直播带货的形式赚钱。最近，九妹在尝试跨界带货，带其他地方优质产品，有时在带农产品的基础上给朋友们推荐其他好用实惠的产品，想方设

法为不同需求的粉丝服务，这也是一种收入新渠道。

"巧妇9妹"做的视频内容以美食、生活为主，这些内容与当地的农产品天然地结合在一起。比如，九妹拍摄当天的工作内容，田地劳作，那是种植柑橘、橙子的农田，可以看到果实成长过程；九妹制作美食，用到的是当地最优质的农产品，可以感受到色香味俱全的独特之处。不经意间，九妹把农产品和内容完美地融合为一体。当内容火爆网络，这些视频里的道具又成为上架的商品时，由播放量和直播间流量带来的销量自然十分可观。

从2017年11月初开始到2020年10月，九妹分别卖出了1 200多万斤的皇帝柑、沃柑、甘蔗、玉米，500多万斤的荔枝等其他农产品，初步统计销售额3 400多万元。为保证品质，这些货全都是当地农户进行产品采摘、打包、发货，购买的粉丝好评率持续提升。

九妹的经验

1. 账号要有一个优秀的运营人员，大侄子让九妹少走了很多弯路。

2. 要找准自己的定位以及粉丝们的偏好，获取粉丝的支持。

3. 昵称"巧妇"和九妹形象契合，优质内容助推品牌影响力。

4. 做自媒体需要一个团队，并且执行到位。

5. 要坚持自己的视频风格，坚持持续更新。

"牛不啦"：专业婆婆

何为"专业婆婆"

婆婆难当。作为婆婆，和两对儿子、儿媳生活在一起要怎么才能处理好相互之间的关系呢？这就需要"专业"知识了。处理好婆媳关系，协调好妯娌关系，维护家庭和睦，"专业婆婆"是一位专业家长，更是一个家庭的"司令员"，这就有了很好的故事基础。同理，有多少社会角色本身就是矛盾的集中点、难题的汇聚点，做好自己就能成为当地"名人"。

账号"牛不啦"故事主角是一个能说会道还有幽默感的婆婆。这个婆婆干过多年民办教师，可谓知书达理。在农家小院，婆婆和两对儿子、儿媳组成的大家庭共同生活，婆媳和睦，儿子孝顺，妯娌友亲。这个幸福的大家庭全靠这位有能力的婆婆张罗。目前，账号粉丝 200 多万，每年帮助销售农特产品数百万元，成为村子及周边农产品重要外销渠道。

昵称：牛不啦

姓名：钱美鸽

出生年月：1989 年 12 月

账号：nbl67678

平台：抖音

粉丝：242 万

住址：河南省许昌市建安区五女店镇

从贵州到河南

2015 年到 2017 年，二牛和媳妇鸽子在贵州风景区工作，工作的时候，很多游客带着摄像机或者手机拍摄视频，自己就在景区内开始拍摄一些照片，分享一些故事。

2017 年，短视频很火，账号"牛不啦"的播放数据飞速增长，平台分成收入也在提升，两口子决定辞去景区的工作，回家乡创业，做乡村自媒体。回到家后，两口子在许昌市里拍摄一些大学生的生活和街访的视频。这时发现那不是自己的生活，拍摄过程也很困难，有些场面还很尴尬，不是俩人所追求的，一时间两口子失去了方向。

船小好调头，俩人快速回到老家。媳妇鸽子说："拍别人也是拍，还要请演员，你拍拍我吧！先试试看。"鸽子婆婆也是个性格开朗的人，也主动提出"让我也上上镜呗"。于是，在家人的大力支持下，他们开始尝试拍摄乡村生活，从此逐渐走稳了乡村自媒体这条路。

找准定位很关键

在前期内容定位不明确的情况下，"牛不啦"账号的播放量并不算高。偶然的一次，儿媳妇鸽子和婆婆一起去镇上赶会的视频发布后，播放量和粉丝量迅速增长，网友对婆媳二人讨论度很高。这让"牛不啦"找到了感觉：带有农村生活气息，展现一个婆婆如何维持两个儿子及儿媳的家庭关系，网友是喜欢的。确定了内容方向，妯娌小娜也加入了进来。

"牛不啦"拍摄的是真实的家庭生活，家庭结构和人物性格就显得很重要。

"牛不啦"两兄弟虽然都已成家，但是至今还生活在一起，不仅吃住在一起，还能快乐和睦地相处，一起上地干活，这种传统大家庭在

农村少见，着实是视频的一大看点。

　　鸽子的婆婆能说会道，勤劳能干，在节目里是个"灵魂级"的人物。镜头里的她经常边干活，边说一些农村的方言俚语和俏皮话，极大地活跃了气氛。婆婆过去是一位代课老师，冷不丁就能用幽默的语言说一番大道理，让儿媳很欣赏，也很崇拜。在视频里，婆婆很会照顾两个儿媳妇，像挂念亲生女儿一样时刻挂念着儿媳，外出买东西也不忘给两个儿媳各买一份。粉丝常常感叹：这样的婆婆给我来一个！

　　除此之外，儿媳鸽子和小娜性格直爽、乐观，两妯娌之间相处也很融洽。他们后来做了另外一个账号"牛不啦妯娌"，闺蜜版的妯娌关系也让网友非常羡慕，粉丝量可观。

　　婆媳变母女，妯娌成姐妹。婆婆是家里的主心骨，儿媳们是得力助手，不管是在家做美食，还是在田地里劳动；不管是去赶集，还是过节走亲戚，总能够给观众一种快乐健康的气氛，感染着每个观众。

　　"牛不啦"的粉丝黏性很强，这离不开辛勤的账号运营。一方面他们很重视粉丝的反馈，以幽默的方式与粉丝互动。另一方面，"牛不啦"还定期通过直播加强与粉丝的交流，记住铁杆粉丝的名字，和粉丝拉家常。

内容创新是难题

在连续拍摄近三年之后，拍摄题材匮乏带来的危机感油然而生。

针对这个问题，他们也有一番自己的打算。真实记录"专业婆婆"日常生活的前提不会改变，未来会着重挖掘一些日常的小亮点、小故事来丰富内容。另一方面在技术上寻求突破，通过一些拍摄手法、创意和剪辑技巧来提升内容质量，同时他们也在积极寻找新的题材方向。2020 年，"牛不啦"成立了团队，未来在婆媳之间创作之外，也希望以创业为主题做全新的尝试，来记录这群奋斗中的乡村年轻人。

粉丝需求为导向的电商之路

平原出产的家庭式电商　随着账号播放量与粉丝量不断提升，粉丝留言询问视频中出现的麦仁、红薯淀粉、粉条等产品，好多人问怎么才能购买。他们看到了粉丝对于农产品的需求，于是开通了店铺，把这些农产品挂在店铺上销售。

2019 年，"牛不啦"收购了整个史庄村的粉条，并全部售出。在辣椒下来的时候，三天时间就能卖掉上万斤。

满足粉丝需求的"农品"专营　随着粉丝需求越来越多，他们也丰富了农产品的种类，从本地的红辣椒到外地的猕猴桃，这些粉丝呼声

俺这今个会哩

牛不啦

比较高的产品，他们都会专门去实地考察，严格甄选，上架销售。米面粮油这些产品全部是许昌盛产的，自己可以控制，供货价格还比较优惠，能够发挥供货基地的作用。

在电商环节，选品是关键，物流、售后是个大问题。

他们由于对生鲜产品缺乏经验，第一次卖黄桃，就在上面吃了亏。黄桃采用边销售边采摘的模式，前期7分熟采摘的收到的时候味道最佳，但是随着成熟期到来，后期果实的成熟度越来越高，物流的运输过程中难免碰撞，客户收到的时候有部分坏掉了，赔偿是在所难免。这也给"牛不啦"敲响了警钟，对于不适合长途物流运输的鲜活产品不再轻易冒险。

带动周边，公司化运营变现　通过短视频＋直播电商的模式，"牛不啦"改变了村里农产品的销售模式。以前当地的农产品只是在乡村附近售卖，销量有限，现在通过他们的视频和直播，产品可以走出农村，销往全国各地，极大地提高了销量。为了更好地为粉丝提供服务，牛不啦成立了团队，协作分工，实现体系化的运营与变现。这个团队包括拍摄剪辑、客服售后等共有二十几人，忙的时候村里还有十几号人

参与分拣、打包等工作。这也解决了部分农村贫困户和留守老人的就业问题,年销售额大概有500万元。

在一些重要农产品上市或者节庆时,他们团队还会组织"助农活动""年货节""双十一"等互动。"牛不啦"的小店从按部就班的销售转向有节奏的销售,形成更高的关注度和销售额,成功地营销了账号。也从被村民认为不好好外出打工,天天拿着相机拍拍拍,"不务正业"的一群年轻人"逆袭"成为村里的能人,他们的家乡五女店在"牛不啦"等的带动下也成了网红村。

除了电商变现之外,西瓜视频平台的播放量带来的流量收入也很可观,成为收入的一个重要来源。

"牛不啦"的经验

1. 努力坚持,敢于尝试:坚持自己的一些想法,要不断地让其实现,就会有所收获。

2. 善于学习,不断创新:观众的欣赏水平在提高,多借鉴学习别人的优秀作品。

3. 粉丝评论,积极互动:积极回复粉丝,让粉丝感受到重视。

4. 抓住特点:人物特点鲜明、家庭的特点突出。婆婆、两个儿子、两个儿媳,一个大家庭里,一个锅里吃饭,婆媳、妯娌、母子、叔嫂、兄弟多重关系,他们能做到和睦相处,每刻都有"专业婆婆"的智慧迸发。

5. 货品销售全流程质量控制,确保用户消费体验提升。

"高峰拍摄"：婆媳有戏

何为"婆媳有戏"

俗话说婆媳难处，四个字道出家庭关系中婆媳之间的微妙关系，也是众多家庭关系的一个难点。这种微妙且复杂的关系就有了戏剧化的效果。婆媳在其劳动、生活中的那些磕绊、争执，甚至冲突，就成为优质短视频的重要看点。

陈高峰家乡是远近闻名的红薯产区。他通过账号内容来展示媳妇与婆婆之间的家庭故事，婆媳之间的人设定位为账号增色不少，平台流量分成收入可观。另外，陈高峰通过账号推荐家乡特产，红薯、粉条、焖子、杂可（音）销量喜人。一个城市白领成功转型乡村自媒体达人。

昵称：高峰拍摄

姓名：陈高峰

出生年月：1989 年 7 月

账号：gaofengpaishe666

平台：西瓜

粉丝：206 万

住址：河南省禹州市浅井镇陈垌村 5 组

打工仔返乡创业

陈高峰大学毕业后，在郑州找了一份坐办公室的工作，主要从事网络宣传，因此了解互联网。在一个偶然的机会，他刷到了拍摄农村结婚的短视频，播放量数百万。这时，高峰就琢磨是不是也可以做

买只羊那不是有事做

这样的工作。连着钻研了一星期，他发现不但可以拍摄结婚，还有很多婆媳的日常生活，比如赶集、做饭等，一样会获得可观的播放量。于是，他做了一个决定：拍摄家乡。

刚开始，高峰看到一些正能量的段子播放量比较大，就和妻子一拍即合，拍了一段时间之后发现虽然播放量可以，但是评论区有好多负面评价，什么"演得太假"、"没意思"等等。高峰介绍说："我们不是演员，不是编剧，不专业，不如直接传播最真实的农村生活。"

"拍摄一家人的生活"这个方向确定后，家里每个人的接受程度都不一样。高峰爸爸不太愿意上镜，感觉拍视频好像很丢人；高峰妈妈和媳妇虽然支持，但是一上镜就紧张，不拍摄时候还算行，一开始拍就不知道说什么内容。一个镜头要拍好多次，两三天才能拍好一个视频。

拍视频速度太慢，全家都很着急，每天早晨六点起床，一直要忙到晚上十点，甚至比种田的邻居还辛苦。后来，高峰一家想了个办法，前一天晚上先把第二天要拍摄视频的台词准备好，该说的话写下来，背在心里。就这样努力、坚持、找办法，一个多月后，全家人进入正常的视频创作模式，高峰拍摄、剪辑也熟练了，每天按时更新视频有了保证。

一个多月后，高峰和媳妇发现，只要是关于婆婆和媳妇矛盾的家庭琐事，这个节目的播放量就很高。粉丝喜欢什么，就拍什么，于是就确定了婆媳为主角的账号定位。

婆媳的"戏"有意思

孝顺是中华民族的传统美德，高峰通过拍摄记录婆媳日常，展示他们真实的生活。婆媳一起下地，一起赶集，婆婆教儿媳炸油馍，儿媳教婆婆化妆，婆媳俩结伴旅游等。通过短视频传递家庭生活正能量，让更多人懂得感恩，孝顺老人，让更多婆媳都能和睦相处，获得了好多粉丝在情感上的共鸣。

高峰抓住很多粉丝的心理，婆媳两人是每个家庭里面重要的两个角色，要么大家扮演好婆媳的重要角色，要么就要承受角色带来的烦恼。婆媳关系启发每个人都要孝顺父母、公婆。家长是孩子的第一任老师，

通过视频为孩子做好榜样，看到爷爷奶奶的现在，也就看到自己的未来。

高峰拍摄婆媳的日常，儿媳孝顺婆婆，婆婆善待儿媳，通过短视频传递正能量，让更多人喜欢和爱上"高峰拍摄"！

在现实生活中，高峰媳妇"好好"性格开朗，大大方方；而婆婆说话干脆利索，说话速度快，给人感觉没啥心眼又不失幽默感。两人性格特点突出，又与生活的柴米油盐和在一起，与养育孩子交织在一起，当视频以双方意见不合，或者冲突的前提下展开，经过事件记录双方依旧和和睦睦，节目就会有不错的看点和话题的吐槽点，播放量动辄数十万人次。

视频电商吃了亏

高峰的老家在半山区，在西瓜视频开通店铺之后，高峰就想着把家乡的特产卖出去。他第一次销售是在网上卖花生。高峰平常就把花生从种植到收获全过程都拍成了短视频，并与婆媳之间的生活结合起来。在收获花生的时候，妻子"好好"通过现场直播，让很多离家在外的朋友都清楚了花生的种植和收获，并且无公害，吃得放心。当天一上架

天冷吃一碗大烩菜真带劲

就被抢购一空，高峰就开始收购邻村和其他乡镇的花生，由于刚开始做电商，有一批几百斤的花生着急发货，晾晒时间比较短，包装又密不透风，客户收到时候有些发霉了。在后台了解到这个情况后，高峰和妻子与购买这批花生的所有粉丝全部进行电话沟通，询问客户收到的花生情况，凡是有发霉的，全部重新给客户补发了一份。

吃一堑，长一智。高峰随后尤其重视打包、发货、快递等方面，做好品质控制、物流风险控制、售后服务控制，为其日后发展电商筑牢了基础！

高峰也体会到，粉丝的信任是一个动态过程，有时甚至是脆弱的。一次质量问题、一次风波都可能给账号带来严重的影响和伤害。因此，质量一定要好，快递一定要有保障，售后服务一定要跟得上。

截至 2021 年 5 月，"高峰拍摄"账号有 206 万粉丝，并每天都在以 2 000 人次的速度增长，有来自城市的，也有来自农村的，遍布全国各地。谈到未来，高峰说他准备拓宽包括乡村美食在内的新题材，给粉丝持续呈现有趣、有温度的视频。

营收模式

高峰的其中一个收益来自平台对短视频播放流量的分成收益。另一个收益是直播带货。通过直播，把家乡的优质农产品推广出去。高峰直播变现过程有几个方面：第一是拍摄内容尽可能使用可以销售的农副产品。第二提前"种草"进行预热，让粉丝看到产品的生产过程。比如花生的种植与收获的短视频，就为花生销售提供很大帮助。第三是从自己最方便控制的产品入手，从当地最有特点的产品入手，这样就可以保证产品品质和独特性。

高峰拍摄主要销售的产品包括当地名优特产"杂可（音）"，并对接

一家工厂定制加工。高峰家乡盛产红薯，而红薯又是近些年被广泛认可的健康食材，尤其是不同品种的红薯以及红薯制品，有着强大的消费需求。因此，粉条、粉皮等成为账号小店的主力产品。无论是直播，还是短视频，禹州的"三粉"特色产业成为小店重要的电商供应链。

目前高峰年销售额有 100 多万元，主要售卖家乡特产，平时有五六个工人，销量大的时候全村有十几个人帮忙包装和快递分拣，当地镇政府还为他提供了办公室和仓库，支持他带动当地农产品销售。

高峰表示，未来会挖掘更多优质特色产品，打造属于自己的品牌。目前已经注册了商标，比如"高峰拍摄"粉条、香油、芝麻酱。

高峰的经验

1. 账号要有鲜明的人物特点，或开朗，或憨厚，或温柔，要给粉丝展现美好而真实的一面。

2. 生活环境有很多农村的题材，满足了很多离家在外的朋友对家乡的思念。

3. 善于学习，根据当下热点跟上步伐，多学习才能不被淘汰。

4. 建议新农人首先要喜欢拍摄视频，并且坚持拍摄。

5. 有自己的人设，打造自己的 IP，比如农村婆媳的身份感。

6. 保证每天按时更新视频，保证更新视频的质量。

7. 在视频下方经常和粉丝互动，真诚回复粉丝评论。

"泥土的清香"：夫妻有样

何为"夫妻有样"

乡村是普通的，夫妻是普通的，生活也不特别，但是有的两口子过得风生水起、快乐幸福，成为别人眼里的神仙眷侣。这种具有典型特质的夫妻家庭关系，就有了"样"，有了学习和借鉴的模板。当新农人将这种典型模板和真实的生活搬上平台，此时的夫妻生活就成为粉丝追捧的一种生活，并沉浸其中。

"清香姐"刘小芳和"泥土哥"老白是河南开封的一对中年农民夫妇。不过，他们夫妻的乡村生活却是有滋有味。在日常记录中，农家夫妻生活快乐幸福、婆媳融洽，展现温馨淳朴的田园生活风貌。目前，账号粉丝316万，利用自身传播力，通过直播和短视频带货，帮助当地村民销售农副产品。

村里的"潮"夫妻

"清香姐"和"泥土哥"来自河南开封，虽然两人都是农民，但是思想意识比较超

昵称：泥土的清香

姓名：刘小芳

出生年月：1975 年 4 月

账号：nitudeqingxiang

平台：西瓜

粉丝：316 万

住址：河南省开封市祥符区西姜寨乡

前。2016 年，考虑到上有年近 80 岁的父母，下有年幼孩子，无法像年轻人一样外出打工。于是，在农闲之余，"泥土哥"就靠着之前自学的 PS 技术，用电脑做一些修照片的工作，挣些活便钱，两人多年的"触网"经验为他们自媒体运营打下基础。

2017 年，两人关注到今日头条上有很多和自己一样的农民，经常拍些生活趣事，受到很多网友的喜欢，而且还能挣钱。"清香姐"就问"泥土哥"老白："为啥不把我们的事也拍出来呢？"两人一拍即合，当即注册了账号"泥土的清香"，摸索着开始运营账号。

夫妻二人连续更新了一个半月，辛苦不说，账号却只有 7 个粉丝，其中 5 个还是家里人，这种"冷清"让二人一度有点灰心丧气。在咬牙坚持的第二个月，惊喜来了——泥土的清香节目"实拍农村夫妻俩犁地，你恩我爱一替一个来回"火了。

因为播放量可观，这条节目获得了平台颁发的"最美乡村·春耕"活动最具人气奖荣誉证书。这个惊喜给了两人莫大的激励，也得到平台的指导，他们开始日夜学习研究短视频创作和账号运营。经过半年时间，他们从什么内容都拍，逐渐形成了自己固定的风格，从开始眉毛胡子一把抓，到后来分工逐渐清晰。"清香姐"负责出镜，"泥土哥"

老白负责拍摄、剪辑制作。他们以制作家常美食为主线，辅以田间劳作和生活日常等内容，呈现乡村中年夫妻的快乐生活。有网友评价他们的账号内容：好厨艺，好感情，好温馨。

随着视频量的增多，2017年底粉丝达到了30万。

涨粉在于持之以恒

1973年出生的"泥土哥"，1975年出生的"清香姐"，在相关领域的自媒体作者当中是年龄偏大的，精力和体力的不足是他们不能回避的劣势。为什么他们能火呢？老白不止一次呵呵一笑说：天道酬勤，持之以恒。

2018年春节前后，二人同时运营头条号和西瓜视频。在前期，"泥土的清香"单条短视频的播放量不够理想，当家的"泥土哥"出了一招：一方面增加了短视频的更新频率，由开始的日更一条增加到两条、三条甚至四条，这种方式确实也起到了效果，视频的整体曝光量得到了

大幅提升；另一方面他们开始尝试直播，农忙时的田间地头、村民结婚等场景，他们都打开直播和粉丝互动交流。

通过直播吸粉的速度是比较快的。"泥土哥"回忆，仅直播抽蒜薹的内容，他们当月就增长了 60 万粉丝。二人索性把直播定为每日必播，并坚持了 3 个月之久。这就是"泥土哥"所说的"勤能补拙"。三年时间里，夫妻二人的账号累计直播数百场，上传视频 3 000 多个，收获 300 多万粉丝。

在做自媒体过程中，两人也在慢慢摸索一些经验，比如自己想拍摄的内容与粉丝喜好要兼容、美食类内容兼顾教学的实用性等。除此之外，乡村的质朴纯真，带有原汁原味的农村生活场景更受粉丝的欢迎。比如一条大年初二回娘家走亲戚的视频就有 500 多万的播放量。这些内容让账号在贴近性和实用性上保持比较高的水平，实现了粉丝的垂直化、快速化聚集。

电商的可喜变现

原生态呈现为他们带来了大量订单。2017 年，夫妻二人在直播出

蒜的时候，很多粉丝留言：你们的蒜真好，能不能邮寄？当时，他们还没有开通小店，于是直接在直播间销售，不到一周时间卖出了几千斤，小赚了一把。随后，夫妻二人随后走上了短视频"种草"+直播带货的乡村电商之路。两人开通西瓜小店实现流量变现，把当地特色农产品如大蒜、花生、红薯等展示给粉丝，让粉丝先了解最真实的产地，最亲民的价格，继而产生购买欲望。

小店开张不久，有粉丝接受不了自媒体卖货，质疑他们是"二道贩子"，也让俩人着实有点尴尬。好在他们二人确定了"服务粉丝"这个宗旨，无论内容还是产品，都以服务粉丝为第一要求，大张旗鼓地宣传和介绍，质疑的声音越来越少。

"泥土哥"介绍说，规模销售才会减少快递成本。他们一开始做电商时销量不高，而且对产品包装、物流运输等完全没有经验，作难和赔钱是家常便饭。比如一开始销售红薯，一件红薯的价格不到10元，快递费和包装费用却要10多元，拉高价位又不具备优势，为难了好一阵。随着销量的增加，老白通过谈快递、定制纸箱，严格控制成本，这才算真的摸清自媒体卖货这条路。

现在，"清香姐"和"泥土哥"已经成为坐拥数百万粉丝的网红，年

销售额有 500 多万元,卖的红薯已经有 100 多万斤,每天参与打包发货的工作人员有十多人。

真实呈现并吸引观看最终形成销量转化。做短视频的两年里,他们能获得广大粉丝的喜欢,"泥土哥"总结的最多的是两个词:真实,真诚!"泥土哥"说:"我们不是演员,不需要刻意表现,一切都是反映真实的农村生活状态,做短视频、直播的同时,别忘了自己是谁!"在夫妻二人的镜头下,真实记录着自己家的生活日常,家长里短,春耕秋收,岁月变迁。他们也用短视频见证着自家从旧居搬到新楼,种地从手工到机械的转变,这也是一个乡村最真实的变化和发展历程。在这种变化中,"泥土哥"两口子的账号播放量就有了保证,销量自然就能稳定提升。

"泥土哥"和"清香姐"的经验

1. 坚持:坚持内容输出,不断更,保证让粉丝每天可以看到你。

2. 真实:真实的生活内容更能打动粉丝,产生共鸣。

3. 垂直:做垂直型的内容,质量要好,坚持做下去就有机会。

4. 洞察力:适应平台的规则,抓住机会。

5. 平常心:保持好心态,传递正能量。

6. 夫妻的快乐生活让账号内容有了温度,更传递家庭价值,让粉丝从中感受到生活的正能量。

7. 账号名字与主角的名字一致,更容易识记和符号化。

"农人 DJ 枫枫"：人账合一

何为"人账合一"

账号内容特点与主角个性特点相统一，人成为账号的灵魂，内容成为人物的有机构成，里外一致，最终实现人物特点入脑入心。再加上人物的才艺和个性，内容张力、账号魅力就会得到完美呈现。

枫枫原来是一名 DJ，夜场里很酷、很都市的一个"85 后"。后来他转型到短视频平台，经历微电影、段子、音乐、历史、娱乐、八卦等多个账号类型，可谓过了"九九八十一难"最终取到真经："记录真实乡村，记录真实自己"。获得准确定位，他已摸索了整整三年时间。他所感悟的"人账合一"对新农人更具有借鉴意义。

摸索三载找对路

枫枫原来在广州打工，是一名夜场DJ。在浮躁的环境里，灯红酒绿间，他时常感觉到这碗青春饭吃不了太久，更无法干成自己的事业。于是，他利用闲暇时间，开办了自己的 DJ 培训班。那时他才 20 岁。"培训工作比打工好，好的时候月薪过万，

昵称：农人 DJ 枫枫

姓名：曾凡庄

出生年月：1985 年 10 月

账号：DJFF520

平台：西瓜

粉丝：278 万

住址：广西壮族自治区柳州市鹿寨县江口乡水碾村

也攒了一些钱"，枫枫介绍说。

2015 年下半年，他了解到微电影前景不错，于是边开 DJ 培训班，边拍微电影。经过学习、请教，他的第一部微电影面世，作品播放量竟然高达 3 亿。虽然没有带来什么收益，但是枫枫看到了自媒体的力量。

考虑到微电影周期长，投入大，变现困难，枫枫和团队中一些要好的培训学员一商量，便向西瓜视频进军。2016 年，他首先尝试的类型是段子，培训学员来当群众演员，师徒一起拍。但是，他们辛苦拍了很多内容，账号却不温不火。

这时，枫枫在考虑，也在反思。演员、导演、拍摄这都不是自己的强项，为什么不走音乐这条熟悉的路呢？船小好调头，枫枫开始做音乐账号，唱歌和表演齐上阵，可是，账号表现依旧一般。随后枫枫再改到熟悉的 DJ 行业，可是由于 DJ 内容过于小众也反响平平。又试小综艺，不行！再试搞笑，还不行！于是，剑走偏锋，冒险走边缘题材，却因不慎踩踏规则常常被平台封号。

这时，时间指针到了 2017 年。经过近三年的折腾，枫枫花费了二三十万元积蓄，留下数十个或被封或停止运营的账号。他一直没有找到适合自己的短视频道路，手里的几十元钱也成了"大钱"，到了山穷水尽的一刻。

但枫枫没有放弃。团队其他成员走了他就自己一个人拍摄，自己一个人剪辑，虽然拍摄内容受到很大局限，但是依然坚持在西瓜视频创作内容。

2017 年他结婚了，不能再任性了。

转机出现了

2018 年枫枫有了孩子，生活的责任和压力倍增。枫枫决定，4 月份再无起色，就外出打工挣钱，养家、养孩子。

苍天不负有心人，一条节目带来了转机。

枫枫学会了使用"抠蓝"技术，把自己"抠"出来，然后放到一个舞台的虚拟场景中，这就有了很好的舞台场景效果。在这个唱歌的节目前面，他加了一段旁白：我是一个农村小伙，我爱唱歌。回到农村，期待用短视频宣传我的家乡。

这个视频发布后，仅一天就有了 30 万次的播放量，评论、转发也非常多。

枫枫对这个视频进行了总结：唱歌的人太多，单纯唱歌没有多大优

势；介绍乡村，期待建设家乡的内容既然获得了大家支持，就证明记录农村生活的这个方向是正确的；内容需要积极、健康、阳光、有趣。

枫枫从此开始记录自己的乡村生活，与乡亲们一起互动，播放量快速提升，粉丝量也在快速增长。

账号特点逐步清晰

在枫枫的节目内容里，他与老年人一块儿谈天说地，一起互动，其乐融融，快乐和正能量占有一定的分量——这是枫枫的一个情结。

枫枫介绍说："我文化水平不高，打工时，老年人教了我很多东西。他们孤独，只想找个人说说话。"枫枫在打工时，是最底层的一个小员工，他经常与老人聊天，他发现这些老人不缺钱，人生阅历丰富，与人没有利益冲突，是真心关心别人，不图你任何东西的人。枫枫得到了从未有过的关心和体贴。

因此，从2015年回到老家，他一直都没有停止过和老年人的快乐互动，老人快乐，他也快乐。尤其是在定位拍摄乡村生活之后，这些内容才真实反映到账号里，成为最受关注的内容之一。

枫枫发现，自己是个什么样的人，就拍摄什么样的内容，这些传递美好的视频关注度比较高，加上自带喜感，播放量也一直保持高水平增长。慢慢地，"真实、有趣、正能量"成为账号最显著的特点。

真实　永远不重拍，摆拍。枫枫的乡村生活内容没有提前策划和安排，记录的都是自然而然的生活，是什么样就什么样，只做真实的自己。枫枫说："我不会投其所好，也不演。我演一次就砸了，人账合一就废了。"

搞笑　自己的风趣、乐观，在节目中自然地呈现出来。在有趣的那一刻，不刻意，自己感觉好了，也拍到了，就用到节目里。枫枫说："我人就是那样的人，做事说话就是这样的。"

正能量　看视频能让人心情变好，让人用乐观的心态去面对生活里的一切，让人感觉有希望、有盼头。"我们没有能力改变世界，但我们可以传达爱的能量，改变一部分人对这个世界的认知，让他们知道这个世界其实有很多美好的东西，希望他们不再迷茫，不再孤独，让他们的生活充满阳光就行了"，枫枫说。

人账合一　人的特点与账号内容特点完全一致。这也正如枫枫的账号简介一样，"记录农村真人真事，唱出农村好声音，呈现最美乡村歌曲。"

电商销售

电商为粉丝服务，粉丝黏性为电商助力。枫枫的小店目前主要销售当地农特产品，也配合地方政府做一些扶贫方面的活动，每年有 30 万左右的销售额。

"我现在团队 6 人，平台流量分成的收入可以支撑整个团队，电商带货还不是发展的重点。"枫枫说，"未来想做大，拥有属于自己的电商传媒基地，可以帮助更多有需要的农民！"

枫枫的这个目标将以网红矩阵模式推进，以自己账号为中心，快

速孵化周边农民,形成规模化账号运营体系,这将是众多乡村网红提升发展的重要途径。

当地最大的特产一定要变成账号的优势。在枫枫所销售的农产品中,螺蛳粉是销量最大的特产。枫枫的家乡柳州是一个工业化区域,最有名的特产就是螺蛳粉。这种辣香味十足、口感独特的美食一直是枫枫小店里的销量冠军。为了推荐家乡特产,枫枫时不时与螺蛳粉厂家进行互动,他走进厂区,走进生产车间拍摄短视频,让粉丝看到产品生产过程,这是枫枫最常用的销售推广形式。比如"枫枫走进螺蛳粉生产车间,给大家看螺蛳粉的生产过程,一起来吧"这条视频播放量20万人次。

通过小店运营,他为当地的螺蛳粉企业在品牌传播与推广方面提供了强大的支持。不过,枫枫所销售的产品数量虽然比较大,但是为了推广家乡,这些产品多用来抽奖、搞活动,作为引流产品,因此,这方面的营收还不是枫枫的核心。

枫枫的账号核心是通过乡村休闲变现。目前,枫枫通过账号的传播力,正在家乡建设一个小型农庄,未来将在线上、线下共同发力,全方位提升自媒体运营能力。

枫枫的经验

1. 真实,有趣,正能量,做真正的自己。

2. 人账合一,原生态记录。自己是什么样就什么样,不迎合,做好自己。

3. 运营账号需要一批志同道合的人参与进来,从一开始就要选好团队成员,这样才能走得更远。

● LIVE

2. 乡村美食类

乡村美食类账号运营要点

美食垂类概况

柴米油盐酱醋茶，"吃"是人们的重要生活内容，因此成为重要的内容来源。乡村有着丰富的地方小吃，独特的饮食习惯，还占据着食材原产地的天然优势，新农人走"美食"赛道将收到事半功倍的效果。

据快手官方数据显示：美食类内容在全天时段都受欢迎。中午一点后进入活跃阶段，下午观众喜欢看美食教程、探店、路边小店等内容，晚上烧烤类内容受青睐，而到了夜里十点以后，品酒类教学内容更受欢迎。美食类受众以女性和 35 岁以上人群为主，其中"80 后"最爱看美食视频（占比 41%），"90 后"和"00 后"对美食短视频偏好也在快速提升（共占比 44%），"60 后"和"70 后"群体对美食短视频不太感兴趣。中国网络视听服务协会公布的《2020 中国网络视听发展研究报告》中显

示，美食类内容分量仅次于新闻，受欢迎度高达 48.6%。

4. 焦点二：短视频	整体		
搞笑	62.2%	67.1%	56.7%
新闻	50.9%	48.3%	53.9%
美食	48.6%	40.6%	57.6%
影视	47.3%	48.1%	46.4%
音乐	43.2%	39.4%	47.5%
生活技巧	38.3%	38.1%	38.6%
游戏	36.2%	44.8%	26.3%
教育学习	35.2%	30.6%	40.5%
旅游/风景	35.2%	36.2%	34.1%
运动健身	33.9%	31.0%	37.2%
科技	32.2%	35	

4.1 不止于娱乐，短视频深入生活承担多元角色

美食类内容模式

菜谱模式　图书出版就有菜谱类书籍，买厨具店家送菜谱，在现实社会中菜谱的实用价值不言而喻。菜谱模式主要把制作过程展示清楚，尤其是烹饪时间、火候把握、佐料多少等环节，一定要有条理，有逻辑，连贯且清清楚楚。这类账号在网上司空见惯，常用的有解说词介绍如何做菜、现场演示，一步步教你如何做菜。如微信上的"美食台"公众号就属于这种模式。

情节导入式　每期美食类节目都有一个情节导入，这样能够吸引观众进入一定的场景当中。这类节目形式要准确把握自己账号的人设，比如快手上的"农村会姐"，做宝妈式的家常菜，节目开头问孩子想吃什么，然后开始做，最后全家享用。她目前已经有超过千万的粉丝。再比如"农村胖大海"，每期节目都有与爷爷对话，爷爷说"我饿了"，大海答应之后开始做菜，最后是爷爷享用美食。

故事包装式　视频的最大强项之一就是讲故事，而故事是能够引人入胜的。但是这种模式需要的创作门槛比较高，因为用视频讲一个吸引人的故事，并喜欢上这道美食，这并不是一件容易事，所以在美食垂类中占比不大。比如"甩锅队长"将每一期美食都故事化，这顿饭多少钱，一开始就呈现出来，然后开始做菜。

吃播模式　美食是为了吃，美食做得好不好，关键看吃得怎么样。观众不能亲自品尝，这就需要达人出镜，代替观众品尝，并告诉大家最真实的体验。这就要求主播不仅有一定的表达能力，还是一个懂得美食的吃货，更要能吃、敢吃、会吃，这样就会更容易走进美食类受众的内心。

比如在乡村，沿海的吃播中卖海鲜是很有优势的一个选项，搜索"吃海鲜"你将搜到一堆海产品的吃播。毕竟全国大多数人远离海洋，对海鲜吃法有很强的好奇心。

美食评测模式　说到评测，创作者就需要具备不错的美食知识积累，专业、到位的讲评将成为精彩内容的重要保障。

达人模式　个性化的人物成为美食节目的重要标志，有的另类、有的才艺优秀，他们按照自己特有的人格化作为基础来表达美食，形成人格化内容与美食的结合，比如"翔翔大作战"。

美食类账号变现

广告　当一个账号具备一定粉丝量，其本身传播力就可以形成广告推广效应，而且粉丝以喜爱美食为主，具备较强的针对性，因此成为美食类最常见的变现形式。比如"浪胃仙"为某牛奶品牌拍摄的"喝光大纸桶奶"的短视频。除此之外，植入式广告也越来越被美食类主播关注，比如常用的锅或者油等。这种广告收费模式有的以粉丝量来计算，比如一个粉丝一毛钱，100万粉就是10万元；有的以传播量来计算，比如双方约定达到1 000万次播放付费 10 万元等。美食类的广告模式也包括直播时的连麦，主播在直播的时候为对方进行直接的宣传和推广，这是广告的另外一种呈现形式。

电商　美食类内容经常会用到一些食材和厨具，比如粮油、肉类等，而且在短视频当中其卖点得到充分展示，具有较强的转化能力。比如，"陕西老乔"短视频中呈现油辣子的制作过程，同款油辣子就在账号的小店内有售。在内容经济时代，内容植入式的产品销售可谓天衣无缝，边看边买成为众多美食类账号变现的主渠道。如"山村里的味道"这个账号，博主按照当地一年四季的出产来制作短视频，有节奏、有目的地拍摄短视频，向小店导流，形成实际的销售效果。

知识付费　在知识爆炸的年代，知识的价值越来越被重视，美食类节目付费收看也不是无稽之谈。这种付费是建立在信任的基础上，而且具有较强的号召力，专业厨师、烹饪大咖可以考虑这个变现模式。不过，在平台免费提供美食内容的大环境里，少数收费的土壤就显得有些贫瘠了。

新农人要避免跳"坑"

美食垂直领域不止做菜，会做菜、懂美食是从事这一领域创作的先决条件。除此之外还包括：账号内容的人格化设定、制作场景设计、作者表达能力等。做菜这种菜谱形式的内容太多，尽可能回避这一方向的创作，但有特别设计的节目形式除外。对于新农人来讲，农村特有的小吃、特有的环境、特别的情节导入、特有的农产品、特别的人物个性都可以对账号内容起到很好的增色添彩作用。

账号定位美食之后，创作者围绕美食来展开创作，向垂直细分领域进行深耕。美食属于垂直领域的大类，在这个类别里，新农人还有乡村美食文化、野趣美食、乡村面食、乡村小吃、乡村婚席、诗意乡

村美食等继续细分的选项。新农人专耕一个方向，不断扩大创作的覆盖地理区域和垂直深度。

在垂直细分的基础之上，核心是做出来优质的内容，只有优质内容的持续输出才是账号不断增粉、涨粉的基础。

人设是内容的人格化的定位归属，这是账号提供给别人识别的最大的情绪点。美食谁都可以做，同一款菜，不同的人设吸引不同的人。比如乡村猪蹄的制作，有搞笑模式制作，有农村夫妻秀恩爱制作，有农村婚宴大厨制作，有乡村野外原始风味，有暴躁狂制作，等等。不同的人设，呈现不同的内容特点，带来各不相同的情绪化触动。这个情绪化、人格化的触动是给人深刻印象和识别的外在要素。内容里有人，就有情绪，就有个性，就有故事。人设就是让这个人更加突出，而不是一个普通的人。

"农村胖大海"：逆向借势

何为"逆向借势"

常说的俗套即为正常思维下的正常事件逻辑，无法带来新鲜感和关注度。而短视频内容策划时要拒绝俗套，有时与正常思维模式相反，会有不同寻常的发现，从而激发用户的好奇心，收到良好的关注度。

"农村胖大海"账号作者谭周海，目前全网粉丝数量近170万。账号通过拍摄爷孙俩日常生活，制作乡村美食来服务粉丝。在节目形式上，爷爷是一个显著标志，他时常戴着墨镜，年轻化的装扮，用丰富的网络语言炫酷，尽显乐天派的"老顽童"形象。这种强烈的反差感和个人符号成为账号的一大亮点，感染着手机屏幕前的数百万粉丝。

"留守孩子"再留守

谭周海童年时代因父母外出打工，他成为"留守一代"，与爷爷奶奶生活在一起。长大成人后，他外出打工，当过电焊工，也干过电商，按他自己的话讲："自己总是

📶 5G 98% 🔋

昵称：**农村胖大海**

姓名：谭周海

出生年月：1990年3月

账号：xcpangdahai

平台：快手

粉丝：169万

住址：湖南省娄底市新化县

一直漂泊。"

2013 年，奶奶去世后，家里只剩下爷爷。为了照顾孤独一人的爷爷，经过深思熟虑，他决定回家创业。

为了让爷爷安心，谭周海找到了同时回乡的发小陈曦合伙。两个人先一起去学了摄影和剪辑技术，经过两个月的培训后，他们可以接拍一些婚礼、寿庆活动的业务。但是，这种活儿可遇不可求，在短视频平台火爆大江南北后，他们快速参与进来，利用拍摄婚庆的节余时间，拍摄乡村题材的短视频内容。一开始，爷爷并没有参与，他们拍的都是农村日常生活，如插秧、收果子等，播放量并不高，账号一直表现平平，收入微薄，两个人愁眉不展。长此以往，放弃创业，进城打工将是二人唯一的出路。

谭周海与伙伴反思后发现，单纯展现农村生活有点单调，还容易和其他创作者内容重复，寻找新的突破口迫在眉睫。

他第一个想到的就是爷爷。

找到新路子

当时美食节目比较火，大海就通过爷爷"想吃"作为情节化的导入，然后他做美食给爷爷吃，用短视频呈现这个过程。大海考虑好之后就快速开拍。

第一个月账号表现普通，第二个月没有起色。难道方向又错了？大海私下直犯嘀咕。

功到自然成。三个月过后，在一期视频里，谭周海变成"剥板栗机"，爬上板栗树采摘果子，而树下的爷爷则开始表演：他按下按钮，就会有喷香的板栗喂到嘴边。爷孙俩的温情互动，让不少粉丝认识了"胖胖的大海"和"没有牙但爱美食"的爷爷。这条节目也成为他们账号播放量最大的一条。

之后，大海和陈曦两人开始研究这个节目，孙子剥板栗，爷爷吃板栗，夸张形式的"剥板栗机"有趣有情：爷爷有趣、孙儿有情、节目有生活。从此，大海开始让爷爷张扬个性，走趣味化、有精神的"老顽童"的风格路线。

"孙子，我饿了！""爷爷，我回来啦！"成为节目内容的固定口头语，主角个性得到张扬，而账号识别点因此更加清晰。

变现模式

厚积薄发式的变现　为了丰富节目内容，大海经常在网上学习别的美食节目，投入得时间与成本也是比较多的。但是，他们并没有在 100 万粉丝之前变现。"我们就是想让粉丝尽可能地多，没有着急变现，有粉丝就天不怕地不怕了。"大海介绍他们原先的变现思路。

2020 年 4 月，疫情收敛了锋芒，社会生活重新被激活。

大海偶然间发现，一些账号在十几万粉丝时就开通了直播，销售自己的产品，而且变现的数据还很可观，粉丝依旧能保持增长。于是，大海他们立即行动，在

2020 年 4 月开始尝试变现。

大海原来打工时在一家电商公司就职，在做电商销售时，他把粉丝购物体验放在第一位，以争取尽可能多的"回头客"，这成为他们的基本运营思路。

发掘并拍摄美食文化，做优质产品。大海的村子处在新化县，梅山文化丰富，有自己独有的梅山美食，尤其盛产坛子菜、豆腐、腊肉等。在带货前，大海决定就从当地特产先着手。首先，用账号卖东西，自己在原产地，对产品特点了如指掌，也可以用现成的场景拍摄短视频。其次，节目也能够更好证明自己就在原产地，知根知底，充分展示产品生产、制作过程。

大海的基本销货模式：他通过美食内容，把当地独特产品展示在短视频里，形成毫无违和感的植入广告。酷酷的爷爷享受孙子的美食，让众多粉丝趋之若鹜，自然而然就带来了订单。再加上当地是特色产品的源头，大海可以控制好销售价格，严格把控产品品质，保证较高的性价比优势。直播时短视频引流，大流量带来大销量。

口碑营销是做小店销售的长久之计　随着销售额的提升，大海发现自己的薄弱环节。电商表面是卖产品，背后是一套运营体系，包括选品、策划、拍摄、直播、互动、话术、成单、售后、导单等一系列工作。而自己原先打工时只是参与了其中的一个环节，好多"课"需要快速补齐。

在卖杧果时，大海经验不足的问题就暴露出来了。

当时，农户发来的产品是大个杧果，表示发货时个头八两到两斤。结果，粉丝反映收到的货全是八两的。经过这件事后，大海决定，以后合作销售，一定要经过几个环节：看样品、问价格、市场调查、亲到现场、查看货源、监督发货，避免一个环节跟不上，影响粉丝对账号的整体评价。

"我们就是要做好口碑，让粉丝买过一次，还会买第二次。"大海介绍自己的经验，"看着我做得慢一些，但是，我可以走得更远一些。"追求口碑让大海的账号更具备生命力，也为产业大发展提供了机会。

为了这个口碑，尤其是食品，规避风险是第一位的。比如腊肉，大海是自己收购老乡家的猪，然后找工厂代加工，避免病、死猪肉侵入供应链。腊肉的成功，也把小店的评分恢复到了 4.9 分。

带动小村

大海在周边成为乡亲们羡慕的网红，也是十里八乡的能人，邻里的求助在所难免。

在李子成熟后，一位村支书带着种植户就找到大海，说今年果农丰收，市场供应过大，价格不好，请他帮助销售李子，给的批发价是 3 块钱一斤。大海经过市场调查，发现湖南怀化那里的李子收购价才 2 块钱一斤，且全网价格是透明的。为了保证粉丝的消费体验，卖到口碑，大海没有加任何利润，以助农的形式，保证李子较高的性价比，七八万斤水果成功售罄。

从 2020 年 4 月到 2021 年 1 月,大海团队为乡村带来全新销售渠道,原先只有三个人的团队,现在变成了六个人,实现了照顾爷爷与创业的双向兼顾。谈到未来打算,大海憨厚地笑了笑:我们做口碑,持续涨粉,把电商做大一点,让爷爷更加开心,带动村里面的乡亲们一起致富。

大海的经验

1. 人设的不可复制性,为了包装账号,节目升级,把爷爷突出出来。节目形式有特点,声音更响亮。

2. 大喇叭等道具的使用,以及爷爷服装、墨镜,再加上化妆,增加识别点和个性点。

3. 用心维护粉丝,知根知底做产品,口碑第一才能长久。

4. 每条节目一定要放大看点,在有限时间内给粉丝最精彩的内容。

5. 每个领域不一样,变现时最重要的是把产品拍得清晰漂亮。

6. 注重用口碑来建设品牌,大海的新零售模式得到发展。

"秦巴奶奶"：老来相伴

何为"老来相伴"

"少年夫妻老来伴"，我们周围存在许多家庭俗语，有的警醒世人，有的指点迷津，有的意境唯美，有的哲理深邃。新农人在账号定位时，如果能够围绕活生生的人、实实在在的事、真真切切的情感表达展开叙事，有细节、有故事、有情绪，就可成就账号。

"秦巴奶奶　秦巴忆味"账号是张万露运营的，在节目里，奶奶通过乡村美食制作，为家庭辛苦付出，体贴照顾爷爷，展现两位老人幸福的晚年。这是最典型的"老来伴"的写照，也是"只羡鸳鸯不羡仙"的真实写照，和谐相处的价值观传递让账号快速成长。

那一瞬间有百万种可能

张万露是一位标准的农村"90后"，上完初中就辍学打工了，当过计件工、业务员，还给别人当过司机。"用长辈的话来说，我就不是念书那块料。"说到自己当

昵称：秦巴奶奶

秦巴忆味

姓名：张万露

出生年月：1990 年 9 月

账号：AK2244

平台：抖音

粉丝：270 万

住址：陕西省安康市汉滨区

上网红前的经历，张万露还有些不好意思。

他当上网红，起源于一件小事。

2018 年的夏天，当时短视频席卷全国，主播与达人红透半边天。张万露平时经常看，自然而然产生了自己做短视频自媒体的想法，再加上日益厌倦他乡索然寡味的生活，索性就回到家乡，回到爷爷奶奶的身旁。

一开始，他做的几个视频都如泥牛入海。一次，张万露偶然看见奶奶在橘子林里挖魔芋，山间、绿林、劳作的老人，看到那一幕他的内心好像被触动了一下，很温暖很幸福。

他于是就拿起了手机把奶奶拍了下来，发在了自己的抖音账号。当时，他并没有多想，也不在乎什么流量，单纯像发个朋友圈那么简简单单。没想到，这个视频的播放量竟然一点一点上涨，最后达到 4 000 多的播放量。网友纷纷留言，有的说想起了小时候，有的说没有看够，还有说想起了自己的奶奶。张万露于是就有了一个大胆的决定：大家既然关注爷爷奶奶的生活，我就把两位老人幸福的生活和陕南的农村拍摄下来，让大家看个够。况且，这也是一件很有意义的事情。

艰难地"突围"

在起始阶段，张万露没有一点成效和收益，家人还持反对意见。在陕南农村，他父母的潜意识里认为收获来自有形的劳动，是需要用双手创造出来的。他们觉得看不见摸不着的网络是虚而不实的东西，很难以"抠手机"养家糊口。毕竟，张万露当时已经28岁了，谈婚论嫁都有些晚了。

回想起自己的决定，张万露还有些自豪：我还算幸运，坚持自己的想法一直做了下去，因此少走了很多弯路。

谈到为何能够快速涨粉，张万露说得最多的是"真实"。他介绍说："我在拍摄爷爷奶奶的生活和美食时并没有刻意地去设计什么内容，所

有的内容都是出自真实的生活，来自爷爷奶奶最真实的情感，来自他们那一代人独有的生活态度。"尤其是奶奶对爷爷的爱的表达，融入生活的点点滴滴，一块馍馍，一碗面条，一言一语，金婚老夫妻成为账号最亮的一抹色彩。于是不久，"秦巴奶奶　秦巴忆味"账号在短视频平台火了起来。

当地《三秦都市报》报道时，有这样一段细节，足以代表"秦巴奶奶"所传递的家庭温度。

"婆，今吃啥饭？""你爷要吃蒸面哩。"

在这一则蒸面视频里，秦巴奶奶应着声，手脚麻利地忙活起来，和面、滤菜、下锅，不多时，一张油光透亮的面皮就出了锅。豆芽芹菜铺底，蒜泥辣子作配，一碗软糯酸爽的面皮拌开来，爷爷乐得额上皱纹叠起，也撩拨着数百万网友的味蕾，勾起了一群人的乡愁。

"车到山前式"的变现

日常视频为电商"种草"　张万露奶奶是手脚麻利、性格开朗、极富喜感的老太太，爷爷则是一个憨厚老实的农民形象。在短视频里，奶奶经常制作各式各样的乡间美食，比如油泼辣子、擀面条、炒腊肉、做魔芋。奶奶负责做，爷爷负责吃，而且每每以光盘表达"满意度"，可以说是尽情享受老伴带来的美味。这种幸福感也传到了屏幕外，粉丝们常常留言："馋哭了""奶奶，捆着的那调料怎么做？""辣子怎么卖？""想买酸菜"。问的人多了，张万露账号变现的路子就水到渠成了。他说："一切都是顺其自然，拍摄美食的同时，有很多粉丝就想要我们当地的特产。"

在大多数乡村创作者中，这是最经典的变现模式，短视频"种草"，店铺销售，直播带货，视频内容成为最核心的带货推广工具。

美食类视频变现自然高效 "秦巴奶奶"账号属于美食类,这类账号对于特产销售、食品销售有着天然的优势。第一,聚拢的粉丝属于热爱生活的人,具备一定的垂直度。第二,美食使用的食材、原料都可以成为商品,而且是最佳的植入广告,是内容电商的根本。第三,销售什么产品拍什么视频,产什么产品就做什么美食,这就为账号销售、为电商引流、直播间引流提供强大的营销基础。

品牌化是做大、做强的必由之路 有传播就容易形成品牌,而拥有品牌是新农人从地摊式变现向专卖店式变现的重要过程。张万露用内容带货,视频里出现最多的是一勺红亮亮的陕西辣椒酱,从 2019 年 7 月到 2020 年 7 月,张万露共卖出 50 万瓶,这些产品也都有了一个响亮的品牌"秦巴奶奶"。

现在,"秦巴奶奶"已经注册了商标,主营产品有农户自产的辣椒酱,

而那些魔芋和干货都是张万露收购十里八乡农户家的。为此，他专门成立了电商公司运营账号来变现。

张万露有固定员工 20 多个，分别从事视频剪辑、拍摄、产品设计、包装、网店维护、产品打包等，一年的收入有 100 多万，成功带动了当地 522 户贫困户实现脱贫。

张万露的爷爷今年 78 岁，奶奶 72 岁，2019 年是二老的金婚，他希望通过视频把这种简单的幸福传递给更多人，也争取在传递温暖的同时，为家乡做出更多贡献。

张万露的经验

1. 张万露选择做自媒体的一个重要目的是陪伴爷奶，让老人安享晚年幸福。这个初衷也成为账号传递价值的载体。

2. 奶奶厨艺不错，账号定位时想要做的内容又是强项，就容易火。

3. 不断地充实自己，提升自己。张万露从影视小白成长为能够熟练使用单反摄录，这是善于学习的证明。

4. 坚持，坚持自己要做的事情。

5. 老一辈的生活和感情，他们是不会直接表达的，就凝聚在一日三餐里。寻找主角最独特地方，账号就成功了一半。

陕西老乔：父子上阵

何为"父子上阵"

做账号是一个长期的过程，需要两个人以上的投入，然后是持续地投入时间和精力，形成稳定的合作。俗话说，"上阵父子兵"，有老年人的阅历和智慧，有年轻人的创意和活力，更有父子的牢固亲情，这样的团队，其执行力、抗风险能力是超强的，成功率很高。

"陕西老乔"是一个父子俩运营的账号，主要以美食垂类作为运营内容。美食家父亲老乔负责出镜，讲解家庭各类美食的制作流程和方法，儿子负责拍摄制作。在快手平台昵称"陕西老乔小乔父子档"，粉丝量600多万，抖音平台"陕西老乔"1 100多万，其他平台1 000多万。

逼来"父子档"

小乔上大学时学的是传媒方向的专业，在短视频兴起的时候，也就是2017年前后，他比较敏锐地抓住了这个契机。当时，小乔身边的朋友都不认为手机拍摄

昵称：陕西老乔

姓名：乔建忠

出生年月：1987年9月

账号：172957170

平台：抖音

粉丝：1 193万

住址：陕西省咸阳市

短视频还能挣钱。小乔想找一个人，能一块儿坚定地合作下去，周围朋友根本没有人理他。他们觉得小乔的想法太过夸张，不稳定，更没未来。

于是，小乔找到老乔来了一场对话（此处省略 1326 个字）。

父亲老乔正好喜欢做美食，于是父子俩一拍即合。当时，小乔刚毕业，没有多少钱，好在有网络，他走一步看一步，一点一点学。先是文案，然后是摄影和剪辑，全流程都由小乔一个人来负责，父亲老乔只负责做美食。有时，文案不会就上网查，找灵感；摄影、剪辑搞不明白，就去找视频课件，日夜钻研学习。一开始，爷俩为一个镜头要拍十几遍都达不到效果，甚至还把父亲老乔给拍"毛"了，爷俩为这事不少闹别扭。

磨砺中找到方向

老乔和小乔在运营中，刚开始的时候，爷俩琢磨作品怎么拍，尝试了很多风格，拍了许多视频，但是投上去效果却不好。日复一日，周围人泄气的声音就出来了，"不如出去打工""大学毕业还是回家"。视频不火，粉丝不涨，爷俩也想过放弃，甚至怀疑自己究竟是不是这块料。

这时，父亲老乔给了儿子力量：相信你自己的判断，只要坚持下去，火不火先不用管，好视频就有好播放，这是公平的。"我们就分享最有料的陕西美食，不必考虑太多。"父亲老乔不经意间的一句话，让小乔也恍然大悟：期待越大反而结果越差，思路越乱。只有找准目标，坚持，坚持，再坚持，就有云开日出的时候。

在摸索着运营账号期间，爷俩对一个事件型的好选题信心满满，琢磨着作品投上去肯定火爆。但是，事与愿违，这条视频的数据非常惨淡。爷俩总结，这条内容有些脱离账号主体的定位，虽然靠事件蹭了热点，但和美食八竿子打不着，平台推荐的美食垂类用户根本不会感兴趣。内容脱离了定位就得不偿失。

坚持制作美食，这一条路要走到黑。

爷俩清晰的定位让他们收获颇丰。2020 年，老乔拍摄了一个凉皮制作的视频，观看量达到了 1.5 亿人次，老乔早上揉了揉眼睛，简直不敢相信数据，竟然一夜之间涨了 50 万粉丝。爷俩当时都震惊了，他们分析了这个视频火爆的原因，首先上半年发生了疫情，所有人都待在家里，无聊的隔离生活滋长了人们对美食的渴望，凉皮又是全国人都喜欢的美食，群众基础好。其次是选题比较好。它的原材料是面粉，家家都能尝试制作，有充分的互动点，做好内容，流量就有了保证。其三是找准自己的定位。那就是发展自己的内容，保持美食垂类，树立在粉丝面前的个人形象。其四是注重视频的内容，内容才是王道。要善于了解和把握粉丝需求，明确他们想看的是什么，抓住重点，就能让粉丝们活跃起来。

营收是个技术活

广告宣传、直播带货都是基于网上平台。"陕西老乔"从开始用视频内容来链接产品进行销售，到现在的直播带货，爷俩经历了长期的

摸索。这个过程大体包括选品、定时间、定价格等环节。

账号销售产品与发送内容一致 第一，选品一定要保证质量，价格要合适，性价比越高越好。第二，产品要垂直。销售美食产品，大家觉得你在美食上比较专业，就会信任你，粉丝就会比较容易接受。比如老乔、小乔爷俩的一款产品是油泼辣子，前期他们通过短视频形式，在视频中挂上"油泼辣子产品"的购买链接，向外销售。在直播带货时，爷俩在直播间展示油泼辣子产品状况、色泽、口感等，更为直观，更加真实，在购物车直接上架销售。而且和粉丝面对面接触，告诉他们产品全貌，随时解答他们的疑问，销售就在这个过程中达成了。

账号形象与产品形象一致 爷俩在产品中植入了账号形象与出镜人，尤其是麻辣米线、凉皮等产品，直接印上了老乔的头像，成为产品的代言人，从里到外全面与账号建立联系，实现 IP 账号与产品品牌的高度一致。新农人直播时忌讳着急卖货，要知道，粉丝是第一位的，首先要建立信任度，建立感情。粉丝认可视频，认可作者，才会认可其推荐的产品。

目前，"陕西老乔"已经组建了一个团队，尤其是在品控环节，精力付出比较大。他们进行一次直播并不复杂，去原产地，几个人一部手机就能完成。不过在产品品质控制方面，老乔、小乔做得很细致，不仅亲身体验产品性能，同时发货时核验产品与样品的一致性，确保直播表述、短视频表述与产品实质一致。目前，账号平均每年销售额超过百万。

借助账号做公益，营销与推广同时进行 2020 年，老乔、小乔参加了富平、渭南、彬州、杨陵等地方的扶贫销售。一方面增加了销售量和影响力，传递账号价值；另一方面与政府人员的连麦，与县长沟通，让大家看到满满的诚意与保证。他们也为一方脱贫贡献了自己的力量。

账号发展与打算

"陕西老乔"的账号定位清晰：给粉丝分享家常美食，在此基础上兼以流露父子亲情。"陕西老乔"视频时长在一分钟左右，既能展示内容的完整度，也不耗费大家太多的时间。

比如，油泼面制作是很麻烦的，和面、醒面就很耗时间，而短视频只要几个镜头就能展示。老乔向面粉盆里倒水、揉面用两个镜头表达，用餐布盖住盆子就是醒面镜头。现实需要半小时，镜头剪辑后只要三个，用时 6 秒就表达了完整的意思，这就需要多琢磨。

小乔坦言，爷俩目前制作一次美食一般能衍生出两个作品：一个讲做美食，一个讲吃美食。在吃美食这个环节，爷俩准备加一个"父子饭堂"的小短剧，内容围绕与美食有关的生活小知识展开，在不脱离账号内容本体的情况下，加入趣味性元素，同时对短视频进行知识和正能量赋能，用这种办法对内容进行尝试性升级改造。

老乔的经验

1. 父子两人的亲情富有感染力，提供了广泛的粉丝共鸣空间。

2. 节目结尾时常有"再来一瓣蒜"、"请大家参考"等固定口头语，形成很好的生活化识别点。

3. 美食账号的选题和内容尽量简单、直白，一看就会，一听就懂。

4. 要一直保持自己的表达风格和特点。

5. 控制节目时长，精彩在每一分、每一秒。

"山村里的味道"：山村有味

何为"山村有味"

山村因其曾经的封闭，得以保留千百年来独有的生活模式与美食资源。山村所处越偏僻，这里的人、事、物越具有独特的魅力。在大自然生态里，山村居民用最绿色的美食感受生活，城里人只能垂涎三尺。

"山村里的味道"账号以记录母子两个每天制作不同的山村美食为基本内容，以原始深山林区、生态竹乡为场景，制作原汁原味的乡村美食，植入当地特色出产，形成内容、产品、销售的高度统一。最终，山村得以宣传，产品可以营销变现。目前，该账号年变现能力在 200 万元以上。

打工仔回乡创业

蒋金春在做短视频之前一直在打工，由于考虑父母年迈，女儿读书的需要，更不想让孩子当留守儿童，他就从城市回到家乡，准备长期在家乡发展。

2014 年，快手还是以图片和动图为主要表现形式的平台。当时，一个打工时认

5G 98%

昵称：山村里的味道

姓名：蒋金春

出生年月：1979 年 2 月

账号：scvd8888

平台：快手

粉丝：209.6 万

住址：江西省上饶市横峰县山黄林场

毛烤一烤

冬笋切片

下锅

娘今天的雪真大

识的东北朋友打电话聊天时说："你可以下载个快手，当作工具，可以很好地在乡村发展。"当时，蒋金春没有怎么在意，到2015年，手头闲余时间比较多，他就开始把家乡的山山水水拍摄下来，发布到平台上。

2015年冬，他的家乡下了一场大雪，蒋金春堆个雪人，在深山里，雪人与山景融为一体。虽然并没有太大的播放量，可是，来自全国各地的网友像聊天一样，在评论区问这个东西叫什么，那个东西怎么吃。在这个虚拟世界里，身处相对封闭山区的蒋金春第一次感受到成百上千人在关注自己，打心底产生一种特别神奇的感觉，他创作视频更有了信心。

风雨之后总会见彩虹。2015年的春天，万物复苏，蒋金春家的后山上绿意盎然，原始森林般的林海郁郁葱葱，春笋此时纷纷钻出土地，闪烁着初春的阳光。他采来春笋，用山泉洗净，与腊肉翻炒到透亮。这篇"春笋炒腊肉"的视频发布到平台后，播放量疯涨，评论区火热。有的说要尝尝，有的要买腊肉，有的说看到视频"好想家"。这条视频播放量达100多万次。这是一次破天荒的传播，蒋金春及时总结：既然粉丝喜欢家乡的美食和风景，那就照这样的路子坚持下去。自此，乡村美食类短视频成为账号的主打内容。

蒋金春在制作短视频过程中发现，内容创作经过初级阶段后，想再提升自己的综合创作能力就有点难了。目前，他还是家庭模式进行拍摄，手机拍摄，手机剪辑，在选题策划、短视频运营、直播运营方面还需要更专业的人才支持。尤其是进入 2021 年，平台红利期结束，内容向专业化、团队化方向发展，靠红利起来的腰部网红面临发展的压力。

探索电商变现

在蒋金春的账号粉丝达到 10 万之后，平台提供了小店和小黄车功能，农产品可以直接在账号的后台交易。这为蒋金春打开了内容变现的大门。

粉丝一边欣赏视频内容，看到感兴趣的产品，可以直接下单，过不几天，视频同款产品就发送到了粉丝手中。除了短视频，蒋金春还开通了直播，村里人看到他常常对着手机自言自语，笑称他是"神经病"。但这些刺耳的话动摇不了蒋金春的短视频事业：嘴在别人身上，而自己的路自己最清楚，必须走出名堂。

在一开始，蒋金春所在的村子没有宽带网络，他每天一场直播，就需要消耗近七十元的流量费。

蒋金春的老家有"毛竹之乡"的美誉，家旁边就是林场，生态好，出产多，背靠货源基地，笋干因此成为他卖得最火的产品。他一年能卖四五千斤笋干，直接解决了 400 多位农户笋干的销售难题。随着影响力不断扩大，当地政府也了解到这位农民的事业，帮助他在家里装了宽带，村里到镇上的道路也修葺一新。

直播带货模式分析

卖爆一款产品积累电商经验　在蒋金春卖笋干之前，笋干在当地每个乡镇都有，烘干后运到县城也卖不出去，而且不易存放，时间一久就容易烂掉。蒋金春同村的一位乡亲每年能产三百斤左右笋干，一大半都扔掉了，销售出去的价格也不高。蒋金春就把笋干作为自己直播带货的突破口和核心产品，依托当地丰富的竹乡资源，向全国推荐。2020 年 10 月，蒋金春连续直播三天，就帮这位老乡卖掉了 100 多斤笋干。

规模化运营确保产量和品质　随着销售规模的不断扩大，蒋金春成立了专业合作社，所在的乡镇已经不能满足粉丝的笋干消费需求，相邻的乡镇农户的笋干自然也成为蒋金春的供货来源，成功带动了周围乡镇笋干产业的发展与提升。为此当地县委书记还接见了这位乡村网红。

短视频营销找准产品的独特卖点　蒋金春介绍，在直播销售过程中，自己特别在意"真实体验"。就拿笋干来说，市场上卖的是压榨方式的干燥方法，而蒋金春的供货农户都必须是炭火烘干，这样才能更

好的保证笋干的口感和营养。这些细节都会在直播过程中细致呈现，让粉丝身临其境地感受到。

另外，蒋金春考虑到家乡特产单一，容易产生视觉疲劳和购买欲望减退。而且，这些产品都有一定的时节性，他采取阶段推荐的方式来销售农特产品，笋干、毛芋、葛根、红薯等，一段时间主推一个产品，搭配其他产品，实现更好的销量。

现在，蒋金春每年销售额在 200 万元以上，未来三年计划扩大十倍的规模。同时，他已经成为全县的名人，是乡村新农人争相模仿的对象。如今，他所在的县就涌现 300 多位可以带货的乡村网红，其所在的村就有三个网红，呈现良好的带动作用。

蒋金春的经验

1. 朴实亲切，展现山村浓郁的生活气息。

2. 给粉丝最真实的体验，将自己的体验传达给手机前的粉丝。

3. 人物的特点明显。蒋金春拥有农村人特有的质朴，母亲的角色情节带入感很强，让山村美食也饱含了情感的温度。

4. 节目场景位于林区，风景秀丽，增加了画面的可观赏性。

5. 帮助更多的贫困家庭，输出自身的价值点。

6. 尽量在早期建立团队，一起成长，避免发展过程中出现人才不足的弊病。

● LIVE

3. 乡村技艺类

乡村技艺类账号运营要点

乡村技艺类短视频概况

乡村有技艺的人才大有人在，唱戏、民间舞蹈、斫木、制篾、武术，无论在抖音还是快手，乡村技艺成为一个重要的内容领域。新农人如果具备一定的技艺基础，可以选择通过每天拍摄呈现技艺，这种原生态内容质感强烈，拥有庞大的群众基础。因此，乡村技艺成为网红一个重要的构成要素。

乡村技艺创作者靠一部手机，随手记录技艺，展示技艺，呈现传统文化的魅力，内容载体丰富，解决了账号运营初期的选题与定位的难题，能够快速形成账号运营态势。这些技艺很大一部分是非物质文化遗产项目，包括京剧、苏绣、太极拳、秧歌、秦腔、豫剧、唢呐艺术、面人、相声、火把节、民间社火、灯会、庙会、琵琶艺术、赛龙舟、象棋、东北二人转、泥塑、紫檀雕刻、剪纸、挑花、马戏等。在短视频平台上，这些国家级非遗项目频频登上热门。据《2020快手非遗生态报告》显示，快手国家级非遗项目覆盖率高达96.3%。

这份报告显示，技艺类内容，不同年龄层关注的重点有所不同。"60后"更爱拍抖空竹，"70后"更爱拍沧州武术，"80后"更爱记录武当武术，"90后"和"00后"则更爱拍少林功夫。民间舞蹈类的非遗短视频方面，"00后"更爱拍英歌，"90后"更爱拍龙舞，"80后"更爱拍腰鼓，"70后"则更爱拍秧歌。最爱发布糖塑视频的群体是新一线城市的"70后"和"80后"——或许，糖塑是他们童年里最喜爱的甜。

乡村技艺类短视频的特点

有"技"可循 乡村技艺类人才在乡村群众基础好，接受度强，经过短视频平台提供的专业发布工具，可以零门槛实现传播。技艺型创作者有技艺，日常记录，简单剪辑，上传平台即可运营账号，可复制

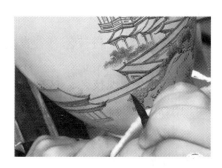

性强。

平台传播带来技艺回归　乡村技艺有些具有实用性价值，比如泥塑类的"泥巴哥"腾哥制作摆件等。有的展示了娱乐性，比如戏曲、秧歌等。平台算法传播复原了乡村技艺的线下传播模式，群聚效应显著，而且打破了线下地理区域的限制，带来更广范围的关注，带动观众的点赞、评论等互动数据的提升，激发创作者持续创作，粉丝也因此乐此不疲。

技术和艺术兼备　乡村技艺是乡村人特有的环境里的产物，以往是一门谋生的技术，也是一门艺术。在社会快速发展的今天，短视频平台助力，为乡村技艺找到了复兴的新通道。

丰富的视觉体验　乡村技艺有着真实的场景，在真实的人演绎下展示，一人一技艺，一人一世界，形成较强的视觉体验。

乡村技艺类变现模式

电商变现　当乡村技艺传承人获得了粉丝基础，创作者就可以通过短视频与直播渠道销售相关产品变现。尤其是手工技艺类的创作者，内容与产品完全一致，具备良好的变现的通道。比如：快手用户"泥巴哥"朱付军,是河南浚县非遗泥塑技艺的传承人。2020 年,借助短视频的力量,他帮助手艺人们卖出泥塑 10 万件,销售额约 80 万元。

知识变现 乡村技艺传承人的技艺就是课程,如果具备非遗方面的技艺基础,更容易通过线上付费的教学视频、线下的实体指导培训实现变现。玉米皮编织技艺账号"穆于手工"就属于这一类型。目前,他的学员已经遍布全国各地。

演艺变现 对于歌唱类、表演类乡村技艺人才,日常线上短视频是一个推广窗口,通过大面积传播,可以直接获得来自全国各地的表演邀约。比如赵本山全国模仿秀冠军河南农民王江华的账号"俺不是赵本山",仅用半年时间,快速突破 100 万粉,目前,线下演出邀约不断,账号成为重要的演出业务来源。

乡村技艺类短视频运营

变优质产品为优质内容 乡村技艺都有代表作品,这些优质作品

本身就是优质内容的载体，努力变优质产品为优质内容。同时，平台为激励技艺类内容，会有相关的话题、活动推出，创作者及时"#"到，争取最大的流量支持。

带来惊叹的好奇心满足　粉丝观看的过程中，激发好奇心，然后满足好奇心的同时，让粉丝看完视频产生"惊叹感"。这种情绪激发是上热门的重要基础。比如，"手工耿"的账号，他生产的内容都是世界上不存在的，甚至是毫无用处的，但是这正好激发了观众的好奇心。像他制作的脑瓜崩助推器，又称"友谊去世器"，不锈钢材质，看到标题好多人已经欲罢不能了。

"不走寻常路"的差异化　在广大乡村，任何一项技艺都有众多的能人擅长，纯粹的展示技艺不占优势，一是重复，二是流量不大，技艺本身并不能带来账号的快速成长。这时，创作者需要在有趣、个性、有才方面立足，找到"不寻常"的差异化所在，做唯一的自己。比如，乡村超模账号"陆仙人"，经常穿着独特的素材加工的时装，很有"星范"和差异化。

乡村技艺不代表粗制滥造　乡村技艺也需要包装，原先非必要的粗糙感要尽量回避，从提高内容制作的质量来提高账号质量。内容为王、内容经济主导下的短视频平台，精致才会有发展壮大的最大可能。

"短"化浓缩　乡村技艺的作品有的需要长时间的制作才能完成，比如木匠制作家具需要数天时间。有的需要长时间的呈现，比如戏曲类的整部戏。这时，就需要"短"化处理，以适应平台片段化消费的需求。这种短化可以是浓缩时间，若制作需一天时间，呈现全程可以浓缩到 20 秒。也可以是抽取精彩的片段，一部戏一小时，只找其中最精彩的若干个 14 秒，越短越好。

"穆于手工商城"：以草登堂

何为"以草登堂"

草存在于大自然中，司空见惯。"草"登上大雅之堂或许不可能。把不可能变为真实，这就成为传奇经历，这个经历就是短视频最佳的表达素材。乡村有很多看着普通的物件，经过手艺加工处理就成了艺术品、高价值商品。那么，谁有这样的本领，谁就拥有了当网红的潜质。

于建华粉丝不多，只有8万多。但是，他的账号具备一个乡村手艺人借助短视频实现营收的基本要素。于建华是国家级草编师，零基础做短视频，拍摄自己最擅长的草编教学视频，变现模式之一是通过账号对接，前往全国各地培训草编，另外就是电商销售草编产品。

"巧哥"意外直播

于建华是做玉米皮编织手工艺品的，心灵手巧，人称"巧哥"。2018年6月成立了长春市利民芳草农民专业合作社，做短视频前刚在当地培训了第一批"编织巧

昵称：穆于手工商城

姓名：于建华

出生年月：1978年12月

账号：cb66888866

平台：快手

粉丝：8.6万

住址：吉林省长春市二道区劝农山镇

姐"。学员经过两个月的编织培训，做出了一些产品，如何销售就成了急需解决的问题。那天晚上，于建华正在整理照片，发现了"直播"的功能，他一下子来了灵感：都说直播能卖货，为啥不试一下短视频平台呢？于建华当天晚上下载了快手，第二天就拍了两个制作草编的短视频发了出去。第三天不经意间打开，发现自己的账号居然涨了4万多粉丝。于建华说，短视频自媒体做定了。

运营账号有"巧"劲儿

在接下来的几个月时间里，于建华慢慢摸索什么样的视频容易上热门。经过反复对比研究，再分析数据，于建华有了一些经验：视频内容要健康；拍摄画面清晰平稳，有明确的表达内容；短视频表达的含义简洁、直接，内容专业但是要具有普遍关注度和通俗化表达。时间不长，于建华做短视频自媒体的能力逐渐成熟，粉丝量持续提升，很多粉丝留言期待学习草编，于建华打心底感到开心和满足。

当然，任何事都不是一帆风顺的。2018 年底，短视频平台掀起直播热潮，无数的用户参与到直播队伍当中。和这些多才多艺的主播相比，于建华的才艺是草编，不需要太多的语言表达，所以直播间的热度就是起不来。在开始，别人直播涨粉，而于建华直播掉粉，甚至粉丝量从 8.1 万人掉到了 6.7 万人，直播间也从几百人掉到三十几个人。原来回不完的评论突然销声匿迹，不断增加的粉丝量也停滞不前。这给于建华带来了沉重的打击，那种无能为力的感觉只有自己能体会。这种状态持续了半年多。

于建华说："掉粉说明看了我的直播和短视频的用户有反差呗，觉得不是短视频里期待的类型，而留下的人是看到直播还认可我的人。后一类粉丝才是真粉，他们会和账号一起走得更远，大家关系会更'铁'。"于建华想通之后，这一切又恢复了平静，粉丝量不能代表一切，但是，粉丝喜欢"于建华"才是最重要的。于是，他还是坚持拍好的短视频，维护好粉丝，通过这个自媒体平台为企业、为社会提供真正有意义的内容。

对于建华来说，账号的价值就是展示草编产品和制作过程，大家可以购买产品也可以学习制作，让更多的人学会借助不花钱的原材料，利用空闲时间，创造出经济价值和生活乐趣，自己的账号达到这个目的他就心满意足了。

"巧哥"变现不一般

于建华本身没有特别突出的才艺，唯独编织做得很不错，作为国家级草编培训师，他拥有六项编织知识产权保护证书。草编是于建华最大的特长，短视频和直播就围绕着编织技巧和草编相关知识进行，把手艺特长展示出来。另外，于建华个性率直，不做作，粉丝愿意跟他

交流，有好多粉丝都成了于建华的好朋友，自然而然就容易形成生意上的合作伙伴。

用传播力推广培训服务　于建华说："要说现在这个时代，不去利用自媒体平台做企业，真的是亏大了。"通过快手，他提高了自己和企业的知名度，现在出去讲课一天就能赚 1 000 元钱，顺便还能卖点玉米叶和草绳。一期培训十几天就有一万多元的收入。另外，于建华还制作了快手短视频课程，采用付费观看形式，他也由此挣了两万多块钱。于建华的草编产品，大多也是通过快手卖出去的。

培训的学员"矩阵"化运营　目前，于建华时常到全国各地去进行草编培训，都是受到粉丝邀请或者粉丝牵线搭桥实现的。截止到 2021 年 5 月，于建华已经培训了 13 000 多名学员。在全国各地，他帮助农民成立编织合作社或者手工艺品公司 7 家。这些公司各自定位不同的产品类别，然后互相合作，成为你中有我，我中有你的紧密伙伴。

于建华目前已经组建了自己的团队，他的合作社成员从原来 12 人

增至700人，覆盖当地3个乡，涉及草编合作社4家。如果算上于建华在外省的学员和合作伙伴，他能对接和合作的草编团队，已经成为国内"玉米叶编织行业"最大的队伍了。

于建华手下的"编织巧姐"收入也不错，她们随着技术的成熟和销量的提升，每个人每年都能有一万元左右的收入。这个数字听上去是不多，但是，对于农闲时节的农户来讲，不耽误家务，不耽误种地，不耽误接送孩子，挣的手工钱能顶上五亩地的纯收入。有十几个技术好、素质高的学员也都成长为草编老师。于建华有些自豪地说："我的学员出去讲一次课都能挣四五千块钱，还顺带着旅游了。"

于建华的经验

1. 自媒体平台虽然好用，但是不通过学习也是做不起来的。

2. 账号内容要围绕一个积极的主题进行，保持账号垂直度，告诉用户为何去关注你。

3. 有规律地发短视频，最精彩的内容前置，做到前三秒留人。

4. 发现并放大自己的亮点，用积极、阳光、真诚的态度去对待自己的账号和粉丝，不要投机取巧。

泥巴哥（腾哥）：借鸡下蛋

泥巴哥

昵称：泥巴哥（腾哥）

姓名：朱付军

出生年月：1986 年 6 月

账号：nibatttt

平台：快手

粉丝：457 万

住址：河南省鹤壁市浚县寺下头村

何为"借鸡下蛋"？

原来要通过短视频传播销售物品甲，而甲的选题类型有限，且无法持续输出，不能聚拢粉丝。于是，通过制作与物品甲一样流程的物品乙，实现趣味化选题的可持续输出，最终也实现了对物品甲的有效推广销售。

"泥巴哥（腾哥）"，粉丝 457 万，主要在快手平台运营。账号以制作泥塑作品来演绎短剧，形成趣味化的传播。账号运营地点位于国家级非物质文化遗产"浚县泥咕咕"村旁边，有着深厚的泥塑文化氛围和基础，"泥巴哥"也为乡村手艺人提供了全新的发展蓝本。

家乡人最会"玩"泥巴

玩泥巴是每个孩子的记忆，朱付军也不例外。他奶奶的娘家是邻村的，这不是一个普通的村子，而是有着"泥塑第一村"美称的杨玘屯，村里大人小孩都是玩泥巴的高手。这里的泥塑有个乡土名称——泥咕咕，2006 年，它被评为国家级非物质文化遗产。朱付军从小就跟着奶奶学做一些小的泥塑，比如泥咕咕、小动物、小房子、人物之类，在耳濡目染之下，他玩泥巴的水平大有提高。在 20 世纪 80 年代，农村娃常用泥巴刻手枪，造小车、飞机、大炮一类的玩具，做好之后和几个小伙伴一起玩，小嘴巴还能配音，这样的场景与故事一直萦绕在他的脑海。

意外结缘

在武侠小说上，主角的绝世武功都是掉下悬崖意外学到的，朱付军也不例外。务农营生之余，靠泥塑也养不了家，朱付军经常出去打工，当过保安站过岗，做过焊工造过梁。这时，天降大任的意外就来了。2018 年 7 月，他在工地上干活时，脚意外骨折。俗话说，"伤筋动骨一百天"。朱付军在家整整歇了三个月，短期内重体力活是干不成了，不能挣钱让小伙子很心焦。

这时，老天给他开了一道窗户缝。朱付军以"葛优躺"的姿势在家看电视，新闻报道说快手和当地达成了一个战略协议，推广鹤壁市的民俗文化和非遗项目。这对于会捏泥巴车的朱付军来说可是个好

消息，天时（平台推）、地利（玩泥巴基地）、人和（自己闲着没事）全部齐备。他就以"泥巴哥"名字注册了一个账号，并试着捏了一个泥塑小拖拉机发布到了快手平台。谁知道第二天点击量就高达二百多万，这是他万万没有想到的，这可相当于全市的人都看了他玩泥巴啊。

捏了一段时间之后，他发现播放量没有以前高了，他就用泥塑汽车、飞机、坦克、泥巴小人儿之类的演短剧，带有剧情的短视频更是受到网友们的大力支持，又一次有了数百万的播放，粉丝增长也像窜天猴一样迅猛。剧情式的"泥巴"更受欢迎，朱付军一不做二不休，自己编剧配音，不如用电视剧的经典片段，于是一个泥巴版的《亮剑》片段，带给他 1 600 万的播放量，这是他所有视频点击量最高的一个。

产业发展

为什么那么多泥塑师，就人家朱付军一个火了呢。他的作品题材广泛，如果只做泥咕咕，可能一个月不到选题就做完了。而朱付军飞机、大炮样样造，还有故事情节能打 CALL，新鲜感与吸引力就不一般了。他的泥塑与传统泥塑的另外一个区别就是"会动"，比如汽车的轮子，飞机的螺旋桨，他们都会转。朱付军赋予了传统泥塑现代色彩，用戏剧化形式表达出来，趣味盎然，这样更能被年轻人接受和喜欢。就这样，朱付军用"玩泥巴"的心态和过程，征服了一大批网友，也把泥塑这项非物质文化遗产传承了下去。

随着他的粉丝规模越来越大，很快就超过百万，留言者成千上万，这些人的关注与喜爱让他有一个大胆的想法：当地很多手艺人做的泥塑作品平时并没有销路，只有在正月的古庙会卖上十几天，网络销售可以给他们打开一条销售的新通道。

朱付军想到做到，说干就干。他的直播处女秀开始了，很多粉丝老铁都想要他的泥塑作品，他就以试一试的态度准备了 100 套泥咕咕作品。这些泥咕咕是当地老手艺人王学仁做的，当把它们挂上购物车秒杀后，短短几分钟时间就被一抢而空，这是朱付军万万没有想到的。

能玩泥巴，更能赚钱，朱付军这列"车"是停不下来了。他又收集了更多手艺人的作品，分不同风格和不同门类上传商城货架，这些作品有泥人、泥塑十二生肖、小动物等。朱付军每次开直播都能陆陆续续地卖个几十单，有时达到上百单，还有很多网友私信他，想要定制泥塑作品。随着销售量提升，还有一些大型商务展示厅找他定制作品，因为定制的多，工作量大，朱付军就找了几个当地的手艺人一起完成，并陆陆续续接到了很多订单。短短半年，朱付军就销售了20万件泥塑作品，这在泥咕咕家乡是无法想象的，也让更多手艺人看到了前途。朱付军介绍说，他目前已经与村里近十位泥塑艺人达成协议，大家继续努力，销售更多产品，把当地的泥塑作品推广到全国各地！

营收变现

以"泥"为媒巧带货　朱付军通过泥塑作品的趣味化表达与呈现，用泥巴造型演绎剧情，赋予每个冷冰冰的泥巴以生命，这种生动传播很容易被观众捕捉，引发观众的兴趣。在短视频与直播的传播过程中，泥塑作品生动的存在，自然而然地就为朱付军和泥塑师作品找到了潜在的消费者。

平台广告推广变现　泥巴哥的作品基本每个都可上热门，如此巨大的传播力成为广告推广的重要出口。他通过平台接单，然后植入到自己的视频作品当中，用实际的播放量帮助别人推广，以此获得相应的推广佣金，很像一个媒体平台功能。

基地化运营，规模化变现　2020年，朱付军在自己家设立了直播背景墙定期直播，粉丝增长到400多万，当年销售泥塑作品80余万元，泥塑作品总播放量近5亿人次，为"泥咕咕"推广起到重要作用。

在这个"泥咕咕"的故乡，泥巴哥发动更多艺人加入泥塑短视频行列，发展矩阵化账号体系。朱付军将以此为基地，对接更多泥塑师进行合作，通过账号，实现规模化销售与合作，从而把古老的泥塑——"泥咕咕"精彩呈现在世人眼前，不断壮大这个非遗产业。

"泥巴哥"的经验

1. 泥塑是童年记忆的符号，朱付军把童趣记忆进行专业化的塑造和短视频化呈现，让多数人产生内心共鸣。

2. 泥塑作品是"死"的，朱付军通过口技配音，使诸多泥塑角色配合，形成一个又一个的短剧，容易被发现、关注和喜爱。

3. 电商依托国家级非遗项目基地，其独特性为产业发展提供强大基础支持条件。

4. 泥咕咕的作品类型十分有限，朱付军的泥塑与影视艺术相结合，不仅扩大了选题库，更建立了大概率吸引受众的模式。

● LIVE

4.乡村风光旅游类

乡村风光旅游类账号运营要点

　　根据中国互联网视听数据报告显示，截至 2020 年 6 月，我国综合视听用户达 9.1 亿人，短视频用户 8.6 亿人，其中自媒体原创用户突破千万。乡村风光旅游类短视频作为近年来逐渐走红的短视频类别之一，通过拍摄特色的乡村风俗和景色，依托短视频平台，对乡村独特的风光与风土人情进行传播，引起了众多用户群体的关注，并在一定程度上带动了乡村旅游的发展。同时，乡村风光旅游类短视频的不断探索，也为新农人开展内容制作提供了一定的参考。

　　乡村风光旅游类短视频模式

　　颜值型　乡村特有的风光与风俗是乡村风光旅游类短视频的内容和基础，同时也是吸引用户群体的首要因素。颜值型乡村风光旅游短

视频就是以乡村景色为主，打造颜值，通过选景、拍摄以及后期剪辑等方式，突出乡村风光的景色亮点，并以此来调动用户群体的观看兴趣。如快手平台上的"忘忧云庭"、抖音平台上的"Ton20200"。

典故型　在乡村风光旅游类短视频中，典故型也是重要的模式类型。该类型的短视频更加偏向融合性与横向发掘，即以乡村风光为背景，穿插拍摄地的典故与民间故事，并将其融入相关的镜头中，以此来丰富视频的内容。在吸引用户群体视觉的基础上，通过讲述故事的形式，进一步调动用户的听觉和视觉参与。从典故型乡村风光旅游短视频的具体内容来看，主要包括对应性典故以及非对应性典故两种。其中，对应性典故的短视频主要是围绕拍摄场地本身的典故进行讲述，形成"情境、故事与音乐"融合的效果；非对应性典故主要是借助乡村风光，对其他典故的内容进行讲解，这就需要乡村风光景点的选用与典故内容之间具备一定的相关性。

内涵型　内涵型乡村风光旅游短视频，主要是借助乡村景色，将短视频的主题引申到新的意境中。在该类型中，乡村风光用来铺垫，着重突出的是短视频中的音响语言，并通过音响语言的引导，启发用

户群体的思考，形成与用户群体之间的共通意义空间。如抖音短视频内容生产者"mioo8（狮子旅行）"，采用的就是典型的内涵型乡村风光旅游短视频制作模式，乡村景色场景与制作者的音响语言形成一种内部的融合。

乡村风光旅游类短视频爆红的原因

乡村风土人情与文化韵味　乡村风光旅游类短视频中蕴含着丰富的乡土人情以及以乡俗乡风为背景的文化韵味，这也是该类型短视频内容能够快速吸引用户群体的重要原因之一。一方面，该类型的短视频与一段时间以来盛行的"城市风"短视频相互协调，共同搭建起了中国故事讲述、中国形象展示的矩阵，能够为用户群体带来全新的视觉体验，提升用户群体对新时代背景下乡村发展、乡村特色的了解，同时又能够领略到祖国山河的美景。另一方面，以乡俗乡风为背景的文化韵味是我国长期发展过程中的文化凝结，有着明显的地域性色彩和民族性色彩，也是现代中华文化的基础与根源之一，在乡村风光旅游类短视频中通过对这种文化韵味进行发掘，也能够在"传景"的基础上，实现"授道"的传播目的，让用户群体能够在视觉与心理上得到双重的享受。

与用户群体心理需求相符　乡村风光旅游类短视频的爆红，也与用户群体的心理需求相符合，呈现与用户心理上的接近性。在长期的城市化发展过程中，多数用户群体开启了"城市漂"的模式，长期的生活局限在城市内部，对与底层乡村风光的接触机会相对较少，但是多数群体在内心上也充满着对乡村生活的向往。乡村风光旅游类短视频内容的制作与传播，通过短视频的方式，将不同地区的乡村特色展示在用户眼前，能有效调动多数出生于乡村地区的用户群体深层的记忆，形成基于用户群体与内容制作者之间的互动。此外，随着用户群体收入能力的提升，多数群体的旅游意愿也不断增强，乡村风光旅游类短视频的传播，也能够进一步为用户群体的乡村旅游活动开展提供一定的引导，这也是该类型短视频吸引用户群体的原因之一。

内容上兼具艺术性与接地性　以现有的乡村风光旅游类短视频而言，其在内容上也呈现了艺术性与接地性的融合，最大化地满足了用户群体多元化的需求。如部分短视频制作者以艺术性的拍摄手法展示底层乡村的风光、以艺术性的叙事方式展示底层生活故事等，这也进一步提升了短视频内容的可看性和趣味性。此外，部分乡村风光旅游类短视频在制作的过程中，也借鉴了电视剧的"剧更"模式，通过场景化、故事化等的设置，吸引大量用户群体加入"追更"的行列中，这也在一定程度上拓宽了短视频内容的叙述空间，促进短视频内容展示能力的提升，这也是该类型短视频能够快速兴起的原因之一。

乡村风光旅游类短视频给新农人创作的启示

从现有情况来看，我国乡村题材的短视频内容呈现地域性、方言性的幽默，虽然符合多数群体对农村生活的观看兴趣，但是内容质量不高，甚至部分内容低俗化，从长期发展来看，受到地域性和心理性的接近问题，难以获得更多的关注。乡村风光旅游类短视频的发展，为乡村资源的短视频转化提出了一个有效的借鉴思路，有利于乡村地区资源在短视频传播过程中有效发挥作用。

首先，新农人在短视频创作的过程中，要能够对区域性的特色资源进行系统的发掘，并将其融入短视频剧本编写、拍摄过程中，通过短视频的镜头展示区域风光与风俗特色。其次，在短视频创作的过程中，也要能够有效总结、分析短视频用户群体的需求，调整自身原有的风格定位，确保自身内容的制作能够满足用户群体的心理需求，这也是短视频内容传播效果得以发挥的保障。最后，新农人在短视频内容创作的过程中，要能够立足于乡村环境，主动打破原有的创作思维束缚，通过内容资源发掘、模式借鉴等方式，推动自身创作模式与方式的创新。

（作者：赵子建）

"忘忧云庭"：以梦推实

何为"以梦推实"

现实生活中梦想是遥不可及的，通过视频的创作，唯美式的拍摄，影视化的布设，让粉丝看到视频场景如同在梦中一样，实现对粉丝内心深处的触动，形成独特的传播定位。就比如人们梦想居住地如诗如画，像天上一样，账号"忘忧云庭"就实现了。

"忘忧云庭"账号拍摄内容为四川阿坝藏族羌族自治州的一个小山村，场景安排以餐桌为前景，以山顶处如梦如幻的云、山、梯田为背景，每天如在云海用餐的超级享受模式感染成千上万的粉丝，被粉丝称为最有颜值的"云端客厅"。目前，该账号通过带货实现当地脱贫，未来将与旅游结合推动乡村振兴。

普通饭桌发现大文章

账号的运营人叫张飞，他是四川阿坝藏族羌族自治州小金县老营乡的驻村第一书记，驻村点名叫麻足寨。张飞 2003 年

昵称：忘忧云庭

姓名：张飞（驻村第一书记）

出生年月：1986 年 4 月

账号：fgcsc666

平台：快手

粉丝：227 万

住址：四川省阿坝藏族羌族自治州小金县老营乡

到四川当兵，后来通过公务员考试到小金县任职，2016年作为第一书记进驻老营乡麻足寨开展扶贫。"当时村里老百姓的经济来源有三个，种植、养殖、外出务工。"张飞介绍说，老百姓创收水平不高，没有品牌，挣的钱也不多，主要特产腊肉等销量一般，有的农户家里甚至还有数年前的腊肉待销。张飞通过关系联系一些单位帮扶，由于购买力问题，一直没有找到解决问题的根本办法。

在驻村扶贫的第一年底，事情有了转机，张飞老家的弟弟前来探亲，建议他在短视频刚起步阶段，通过短视频平台宣传推广麻足寨，等到有了传播量，自然就有销量，扶贫也不是问题。张飞听从了弟弟的建议，马上学习基础知识，开始上传视频，运营账号。

张飞介绍，他们的账号一开始主要拍摄工作和生活，妻子李萍也跟着他，成了账号免费的出镜主播，再加上前期对接的一个当地快递专员张正根，账号的起始团队初具雏形。账号运营过程中有了一些粉丝，还发布了一些制作土特产的视频。

有一天，张飞和妻子来到了一个小山头上，妻子发现很美，吃饭的时候，就让张飞随手拍了一段视频，有人、有饭桌、有云海、有高山，还有山坡上的梯田。这个 10 秒的视频一发布，竟然有 1 000 多万网友观看，传播效果非常好，有很多人关注留言，还说要来旅游。

看到当地稀松平常的环境竟然具有如此魅力，张飞就把这个节目形式固定下来。从此，他的视频有了一个模式：一张方桌，一桌菜，背靠苍山，身旁飘云，梯田可见，如梦如幻。从此"云端餐厅"在快手等短视频平台正式开张。张飞希望通过账号的运营，让乡村美食成为吸引用户的基础，并把当地特产融入进来，实现最终的乡村资源的运营变现。

"云上餐厅"出名了

有传播量就能够带来销量。短视频热播对村子产生了积极影响。

张飞介绍，随着腊肉短视频上了热门，老百姓家里囤积的腊肉很快就被一扫而空，全部被粉丝买走。而且"忘忧云庭"销售的产品都来自当地，也是群众自己动手做的，内涵足，品质好，价格优，还有粉丝不远千里前来尝鲜。

传播量带来销售的提升，同样，超级梦幻的"云端餐厅"也成为受人青睐的对象，众多粉丝留言预约云端上的"一桌菜"："我去旅游，已经私信，请回复。"当时，因为接待条件限制，张飞每天要拒绝二三十个游客的预约。这时，张飞发现旅游是一个很好的发展路径。有游客来，村民就可以提供服务，也能带动村里的土特产的生产和销售，可以说能带动一二三产业全面发展。

变现模式其实很"宽"

美景出名就是"景点" 通过短视频的带动，众多游客慕名而来，争相体验云端餐厅，入住云间民居。不到一年时间，张飞带领村民接待游客 2 000 余人，为农户增收约 10 万元。

张飞介绍，扶贫村麻足寨距离县城 12千米，县城到成都 250 千米，海拔 3 200 米，从山上到主路也只有 6 千米，交通条件还算不错。张飞已经成立了合作社，帮助乡村进行土特产方面的运营；浙江的粉丝投来 30 万，要合作共建熏肉加工厂。未来，村里将建立一个民宿基地，让云端的"一桌菜"变成"多桌菜"，让更多的人能够亲身体验小村独有的资源和生活模式。

"仙境"特产销量不俗 "忘忧云庭"仙境传播，带来粉丝对当地特产的关注。目前，张飞销售的产品均为扶贫小村的农产品，腊肉、松茸、蜂蜜、牦牛肉等特产均已上架，粉丝非常认可。张飞也总结了电商变现的经验：一是当地原产，优势价格，足量供应；二是体现"好风光优出产"定位，眼见为实的美食之源，勾起众多粉丝的食欲；三是直播间里独家销售，其他地方再多钱也买不来，比如村里的红富士苹果。

但是，电商这条路，没有几次吃亏是做不大的。"忘忧云庭"在电商开始阶段，缺乏经验，也吃了亏。一次张飞组织代购新鲜黑猪肉，并进行直播带货，当时没有考虑到猪肉宰杀后会出现缩水的问题，网友收到货就反映斤两不对，万般无奈，张飞倒赔了钱。另外，网络就是一把双刃剑，一不留神也会受到网络的影响。还有人质疑这种扶贫模式，但张飞保持诚恳的态度，一直在努力，换来了更多用户的支持。

"仙境"引来投资人 借助账号强大的宣传能力，好多网友提出投资合作意向。于是，张飞发布"忘忧云庭"未来 3 ～ 5 年的发展规划，用网友投资＋村集体入股的共同运营模式，收废旧民居、宅基地，上网宣推，吸引粉丝前来投资打造民宿，形成持续的乡村产业发展格局。目前，张飞已经吸引山东、成都等地多位投资者进行投资改建民宿，2020 年 9 月到 11 月底，成都网友的民宿营业额已经突破 10 万元。未来，"忘忧云庭"还规划有悬崖餐厅，在村头挑出去的平台上就餐，云从身边飞过，又能看到对面的雪山。还有星空玻璃房，房间有天文望远镜，

可以观星望月,打造"仙境小村"。

规模化发展做大做强　随着当地农副产品销往全国各地,村民们的种养殖积极性也随之提高。张飞带领村民成立小金县老营甘家沟养殖专业合作社,新建跑山鸡、跑山猪养殖场,在网上进行跑山鸡、跑山猪认养订单销售,并与浙江援建企业进行对接,建成腊肉熏制坊,形成了产销一体化产业链,为互联网营销提供了很好的产品保障。截至2019年底,张飞已帮助销售农副产品达180余万元。其中黑猪腊肉约1.5万斤,价值70万余元;销售香肠约1000斤,价值6万余元;销售土蜂蜜约1000斤,价值8万余元;销售土鸡约800只,价值16万余元。

张飞的经验

1. 内容做出新意能够让人眼前一亮。

2. 定位要找准最大个性点,越有个性越有传播价值。

3. 多学习,在传播的助力下,把乡村资源变现。

4. 借助外力,尤其是具备传播力之后,乡村资源的价值点可以借助网络实现"引爆",与粉丝互动、共建、共享、共赢,实现乡村资源的变现。

● LIVE

5. 区域文化类

区域文化类账号运营要点

区域文化类内容概况

独特地域文化的定义就是在一定地理区域当中长期存在的、与当地环境紧密融合的精神文明与物质文明的总称。从广泛意义上讲，每一个乡村都有其唯一性，都具有丰富的地域文化特点。但是，我们从短视频创作角度考虑，地域文化是指某一区域特有的、与周边存在显著的差异化、与地理环境相一致的文化存在，具有区域性，同时被广泛了解。比如内蒙古草原文化、海南渔业文化、西藏的高原文化。这其中区域内特有的文化内容能够引发区域外人群的好奇心，形成吸引力，进而转化为粉丝，持续关注。

在抖音和快手等短视频平台，独特的地域文化已经成为重要内容载体，让全国用户足不出户，就可以真实了解全国各地的生产生活模式、

风土人情。地域文化包括：方言文化、生产生活、饮食文化、民间习俗、民间建筑、历史遗存等等。

区域文化类账号特点

适合视频化表达 在区域文化里，方言、生活、饮食等都有外在的载体，视频拍摄时可以直观展示。比如：西瓜视频"四哥赶海"呈现赶海过程，主角四哥展示的就是当地的渔业文化，视频中有捉鱼的场景，也有捉鱼的技艺，视觉上看着过瘾，也很精彩。

独特的区域优势 区域文化类账号以某区域内具有优势的文化存在为资源，突出其差异性，通过账号包装，形成可持续输出的内容。这种区域性不仅要显著，更需要有优势。比如，内蒙古作者"太平哥牛肉干"就是其一。他呈现的就是草原上原汁原味的生活，骑马、放牧、烤牛肉干等，居住在平原地区和山区的人们大多有所耳闻，但是从未亲见，能营造强烈的期待感。因此，他的粉丝提升就有了保障。

账号视频内容与变现途径密切相关 区域文化类短视频内容题材丰富，因其区域性强，覆盖有限，被平台"消重"

处理的概率就小。在呈现过程中，账号主要销售的产品与视频内容相一致，产品即道具，展示即广告，转化自然，变现可观。比如，"太平哥牛肉干"烤制产品的视频与牛肉干销售是同步的；快手平台上的西藏网红格绒卓玛，她展示采松茸、虫草的短视频与销售也是同步进行的。

区域文化类账号内涵丰富　区域文化类账号表达的内容有深度，有韵味，与娱乐型人设相比，不容易产生审美疲劳，账号的生命周期比较长。

区域文化创作方向

方言文化 方言是一定区域内特有的语言发音、含义的整体。我们国家各地方言多种多样，闽南话、粤语、东北口音、中原口音等，这其中不仅仅指发音，还有独特的含义。我们用方言特有的音与义进行创作，体现强烈贴近性之外，还能够带来特别的关注。方言类账号多半需要有较强的表演才能，趣味化呈现，创作难度稍大。比如，抖音网红"大头爷"，就是用"河普"模拟受访过程，幽默搞笑，具有强烈的个人色彩，收粉百余万。

饮食文化 地域文化中关于"吃"的素材丰富，有不同的小吃，不同的食材，不同的用具、习惯、礼仪等，这些内容贴近生活、易于传播和互动，因此广受网友青睐。新农人关注当地最有特点的一个美食领域，以此为主线进行内容开发，可实现快速聚粉。比如快手达人"新疆尉犁黑子"，他呈现罗布的饮食文化，从而实现对特产的电商销售，收到不错的效果。

生产生活 一方水土养一方人，一方水土与之搭配相一致的生产生活模式。南方水多，鱼米之乡，秀丽温婉；北方平原，沃野千里，人勤田丰，自给自足；西部沙漠，牛羊遍山冈，油馕羊肉口生香。区域性生产生活方式呈现，文化内涵与人设结合，就会带来全新体验，生产生活模式愈加独特，愈有吸引力。比如，西藏的格绒卓姆，在高原上呈现采挖虫草、松茸人的日常，形成全国传播力。

民间习俗 民间习俗有些覆盖面广，有些受区域限制，这里我们着重介绍后者。比如春节在中国覆盖面最广，但是，每个地方的过节习俗却各不相同。举个简单的例子：河南人过春节要祭祖，驻马店年三十去祖坟通过仪式请先人回家。等过了正月十五，再送回去。而在南阳，当地大年初一第一件事就是去祭祖。区域文化类账号在民间习俗领域可以深耕，但是选题库容量有限，很容易到达选题的天花板。新农人创作时不能局限于习俗的不同，尽量用当地习俗作为素材进行再创作。比如，账号"侗家七仙女"，侗族的风土人情，通过七位美女的串联，趣味化表现，实现了选题库的持续扩容，再加上颜值和良性互动，账号实现了对村寨的宣传和营销。

民间建筑　全国各地的建筑各具风格，窑洞、土楼、木楼、砖墙等，独特的建筑传递着过去和现在的文化细节，蕴含巨大能量。在短视频平台，我们经常可以看到专门拍摄各地古建筑而走红的人，也有拍摄改建乡村建筑成为大咖的人。建筑的真实存在，承载着区域化审美特点，这为短视频提供了拍摄的绝好素材。这类账号最容易向民宿方向发展，也可以实现对文化村寨的整体传播推广，实现网上引流、线下运营的变现渠道。

"浪漫侗族七仙女"：仙女下凡

昵称：浪漫侗族七仙女

姓名：吴玉圣　龙成

出生年月：1994 年 5 月
（龙成）

账号：langmannvshen

平台：快手

粉丝：128.6 万

住址：贵州省黔东南苗
族侗族自治州黎平县

何为"仙女下凡"

颜值在短视频平台具有较强的招徕能力，如果再加上能说会道，无论男女，其颜值都将产生指数级的聚粉力量。在传统概念里，"仙女下凡"是一种梦境般的美好，这样的场景用在账号人设打造方面，就会有着非同凡响的品牌符号作用和传播张力。

"侗族七仙女"作为一个驻村第一书记的扶贫账号，在全网平台聚拢粉丝过千万。该账号由六位侗族女孩出镜，再加上运营人员，通过"七仙女下凡"这一传统民间故事，借助七位侗族美女的人格化表达，展示当地独特的土产和风土人情，实现电商带货与品牌推广的双重目的。

第一个用账号来扶贫

黎平县是我国侗族人口最多的县，盖宝村是黎平县的乡村旅游扶贫重点村。2018 年 2 月 14 日，农历腊月廿九，吴玉圣接到通知要去这个村任驻村第一书记。趁着春节，村里青年都在家，他顾不上假期休息，在村里做了一个走访调查，加了几个青年人的微信，还建了一个群，这个群成为"盖宝村青年协会"的雏形。在群里，大家讨论后，吴玉圣总结出村子发展的三个方向：生态种植条件下的农特产品、侗族文化的乡村旅游业、侗族纺织技艺下的特色服装业，用短视频的传播渠道，为这三个产业发展提供助力。

2018 年 2 月，七仙女融媒体宣传团队成立，由中共黎平县纪委派驻盖宝洋卫村第一书记吴玉圣牵头实施，运营资金在村里通过盖宝村青年协会筹集组织。账号一开始以短视频平台抖音、快手为主，通过两年多的发展，已经发展成为集今日头条、微信公众号、微博、西瓜视频等各种新媒体融合发展的全网宣传之路。

账号定位很"巧"

账号首先要确定目的，即为盖宝村三项产业发展助力，然后就要确定名称，这可是一个重要的环节。

侗族琵琶歌是国家级非物质文化遗产，"侗族七仙女"名字的由来是当地的一个美丽传说，相传是天上的七仙女下凡后，看到侗族姑娘美丽漂亮，只是生活太过于单调和乏味，脸上常年没有笑容，于是将琵琶歌的种子撒在了河里，从此之后，喝了河水的侗族姑娘都会唱侗族大歌。听到这个故事，吴玉圣心头一喜，"七仙女"的传说全国人尽皆知，群众基础扎实，而且"七仙女"还代表着美丽与善良，也符合侗族女性的特点，应该具有良好的传播价值。吴玉圣决定寻找下凡的"七仙女"，让她们来做盖宝村侗寨的旅游宣传形象大使，传播侗族文化和侗寨的浪漫生活。

账号名称，人设定位，节目基础内容都围绕"七仙女"确定下来。接下来找人，在侗寨琵琶歌队，吴玉圣发现了第一位"仙女"杨艳娇；随后又在工作中认识了两位漂亮的侗族姑娘吴文丽和杨妮丹；刷快手的时候发现了在县艺术团实习的吴兰欣和她同学吴梦霞；"三顾茅庐"请出受父亲影响拍摄了微电影传承侗族文化的张国丹……历经波折凑齐了七位仙女，2018 年 5 月，"侗族七仙女"短视频账号快速在快手等短视频平台注册上线。吴玉圣试着先在快手上传了一段短视频，一天内账号粉丝就涨了 1 000 多。从此，"侗族七仙女"在快手上开启了自己不断涨粉的节奏。

账号提升很"累"

"侗族七仙女"找准了自己的定位，全力发展优质内容，逐步在粉丝面前树立"七仙女"的形象。初期琢磨粉丝的心思，围绕粉丝做选题，拍视频，内容创优，"收成"还不错。

内容的选择和把握是一个摸索的过程。一方面，要找优质选题，不能看到一个选题，觉得能够火爆就下手，这往往会忽略账号的定位与人设，脱离正常的节奏而得不偿失。另一方面，初期尝试找准风格，也就是节目的形式感。"侗族七仙女"前期拍了好多视频，效果不好。但是，

七位仙女最终围绕侗族特有的文化类选题坚持做了下来,这对普通人有着不错的吸引力,为账号发展争取到了机会。

文化类选题是有限的,如何更好地实现人格化传播,快速吸粉,吴玉圣想到了一个办法,他介绍说:"我们的账号很明显,初心就是给大家宣传侗族文化,在这个基础上延伸出姐妹情谊和侗族特色。"这种有人物情感,又有文化内涵的短视频,容易激发粉丝的共鸣,从而提升播放量。未来,吴玉圣准备加入温馨的知识内容,融入正能量,可以实现更加高效的传播与互动。

营收与带动很"热"

短视频流量引流到直播间变现 即时交流,感受"七仙女"的点点滴滴。于是,在中国名茶之乡、十大生态茶县的黎平县,万亩茶园里的"七仙女"穿上民族服装,开始介绍和互动直播。这场活动线上浏览量超过110万人次,获得点赞20万次,现场直接销售达2 300单,线上线下总交易额超180万元。

2018年,"七仙女"通过直播,直观真实地展示了当地小黄姜的独特之处,上海一家企业当即购买一万斤。通过直播,她们共售出了近 6 万斤小黄姜，每户获得超过 1.7 万元的净利润，16 个贫困户相继脱贫。

传播力为线下经营引来人流量　随着盖宝村知名度上涨，游客也多了起来，村里招待游客的饭馆在旺季都需要拼桌了。"七仙女"也带动了一批大学生返乡创业，盖宝村越来越像个"宝村"了。

视频内容的原生态植入特产　吴玉圣坦言，账号能够带货，最关键一点是短视频的传播为产品做了免费的广告宣传，也让粉丝更直接地了解产品。不过，在直播带货环节，"七仙女"账号也取得一些经验：选品首要把好质量关，价格要合适，性价比要很好；其次找垂直产品，就比如美食，大家觉得你在美食节目上比较专业，大家就会信任你，销售转化效果就好。

吴玉圣的经验

1. 盖宝村独特的地域特色、丰富的文化内涵、真挚的民族情怀，这就为短视频和直播传播带来独一无二的优势。

2. 内容丰富、新颖，尤其是侗族民族文化浓厚，最终形成自己的风格。

3. 短视频的传播核心要控制好时间，要简单、直白。

4. 短视频内容是侗族文化与特色，销售的产品也与其文化相似、与视频内容保持垂直。

5. 内容跟着潮流热点走，但不能盲目地追随，要做出优质内容。

 "太平哥牛肉干"：野性"实"足

昵称：太平哥牛肉干

姓名：吴太平（蒙古族）

出生年月：1985 年 6 月

账号：tp135132108

平台：快手

粉丝：66.7 万

住址：内蒙古自治区锡

林郭勒盟

何为"野性'实'足"

大多数人有一种深藏内心的"野"性，向往宽广辽阔，自然原始，体验那份天地间的神奇造化。这种野性通过最"真"的表达，最"实"的呈现，使"野"性更足也更野，于是，天、地、人合而为一，人归自然，称得上是人间至美。

"太平哥牛肉干"通过展示内蒙古大草原上独有的牧民生活和草原美食，制作手工的炭烤牛肉，让粉丝了解牧民的生活细节。通过直播带货的形式，太平哥推荐给粉丝地道的牛肉干及草原产品，贴心服务粉丝，珍惜尊重粉丝，真情打动粉丝，一次购买，牢记一生，逐步建立起垂直且活跃度很高的粉丝群落。

草原"狼"：太平

太平原名吴太平，家住锡林郭勒盟乌拉盖大草原腹地，距离锡林浩特市 330 千米。他的家乡地处偏远，草原广袤，人烟稀少，那里曾经有狼，是个充满野性的地方。

作者联系上太平哥时，电话就通话 1 个小时，留下最大的印象是：汉子、真诚、一直想着粉丝。

太平哥生于 1985 年，小学毕业，最擅长的就是草原人的基本功——骑马。他 15 岁辍学，外出打工，干过放牛的小工，也当过货车司机，住过羊棚牛圈，当时一个月收入才 1 500 元。

2015 年 7 月，太平哥 30 岁了，而立之年，他经过一段时间的考虑，决定做一番事业。结合自己家乡的资源，太平哥开始卖烤牛肉，生意不大，一天收入三五百元，比起打工已经改善很多。只是，这个生意要看客流，开张 20 天就到了 9 月，游客逐渐稀少，生意变得冷清，甚至连房租都挣不到。

这时有朋友劝他去做短视频、做直播："你可以试一下短视频平台快手，有好多农民在上面卖货。"太平哥心动了。

太平哥干的生意是家乡传统美食——牛粪烤牛肉，是每个人记忆深处的味道——妈妈的味道。这种传统美食相传是成吉思汗时代的军粮，经过晾晒收水，再用牛粪烘干，有嚼劲、味道美。太平哥就想通过短视频平台把产品推给更多人，以此弥补生意冷清时期的收入。

他拍摄的短视频"和狼在一起"火了。太平哥朋友驯狼，他也经常过去，拍了和狼在一起的小瞬间。这条"野性"的短视频一天时间70多万播放量，涨粉数千人。这个传播力让太平哥十分吃惊。原来，自己的家乡有这么多人关注。

太平哥按照自己的节奏生产和发布内容，在他的视频里，经常出现牧歌中烤肉、草原放牧、河边饮马、夕阳下炖肉、喂狼等内容。有好多粉丝留言：隔着屏幕闻到香味了；哈喇子出来了；太平哥牛肉干多少钱？常见到的关键词是：草原汉子、真实太平哥，野性内蒙，实实在在。

直播时不会说普通话

2017年，太平哥在短视频平台有了第一单进账。

一位黑龙江的粉丝表示，非常想购买一些他的牛肉干，可是，粉丝担心太平哥是个骗子，迟迟下不了单。太平哥想了又想，无奈，他把自己的身份证照片、家庭地址、联系方式全部发给粉丝，并寄去了三斤牛肉干，最后圆满成交。就这样，太平哥的电商事业开始了。

为了更好地和粉丝沟通，太平哥开通了直播间功能。可是一开播，问题出来了。太平哥的普通话太差，粉丝互动还听不懂，全家人都不会说普通话。太平哥听个一知半解，回答更是难上加难，尴尬、焦急、恐惧，最后就是排斥，刚开三五分钟就匆匆地关闭了直播。尴尬过后，太平哥每次直播之后，就回想直播时发生的失误，然后查字典，纠正发音。看其他主播直播，找差距，发现问题，持续改进。经过一年多

时间，太平哥普通话已经流畅自如，牛肉干也卖到全国各地。

销量一大，有些粉丝提出用牛粪烘干是不是不太卫生。这不经意的一个问题启发了太平哥：全国粉丝文化背景各不相同，自己家乡的传统未必就是别人的传统。于是，太平哥自己设计炭烤箱，牛肉风干48小时后，手工炭烤，而牛肉里只加味精、盐和花椒大料等，符合全国粉丝的饮食习惯，没有添加剂，保证牛肉干的草原风味。

太平哥说，他与粉丝相隔百里千里，互不相识就能够花几百上千元购买牛肉干，这让他最为感动，觉得自己不能对不起任何一位粉丝。

太平哥的变现分析

高客单价的基础是优质的消费体验　太平哥直播带货要比别人难。别人卖的农产品大多一单不超100元，太平哥牛肉干每单都在100元以上，这对一个从未做过电商的人来讲难度不是一般的大。

"有的粉丝说干了、糊了，我直接就让他们发回来调换"，太平哥说，

"人家出了一二百块，买了个不如意，这是万万不能的，要对得起这份信任。"太平哥为了这份信任，有的顾客一下要买二三十斤，他时常劝说先买一两斤，尝尝口感，好了再多买，顾客反而成为铁粉。这样处理，太平哥的心里是有打算的。"不花哨，别想去糊弄人、骗钱，我们就实在，说大白话，希望顾客成为我们一辈子的顾客。"因为对粉丝这种真诚的付出，太平哥用汉子一言九鼎式的行事风格，成功获得粉丝青睐。30 余万粉时，直播间也能维持近百人。太平哥的粉丝对牛肉干情有独钟，活跃度和忠诚度让销量一直有增无减，甚至超过数百万粉丝的主播的年销售额。

　　主打产品一定综合多项优势　太平哥主打牛肉干，账号与小店整合了多项优势。第一，账号直接表明目的。"太平哥"牛肉干为众多观看视频的人提了醒，这位主播对牛肉干很专业，牛肉干很地道，每一次播放都是一次活广告。第二，是立足内蒙古特有而中原地区少有的产品——牛肉干。他提供地道的牛肉干产品，服务对象基数大，消费需求空间广。第三，是当地特有的风土人情和自然风光，吸引眼球，这为太平哥电商变现提供了强有力的流量基础。

2018 年全年，太平哥的牛肉干销售额达到 450 万元，最高月销售额达 50 万元。2019 年，销售额近 600 万元，2020 年达到 800 万元，这个数字对大企业来讲不算多，对当地农牧产业却是实实在在的助推。

自建厂＋直播电商是终极目标　他自建了一个 500 平方米的大厂房，切肉、解冻肉、风干、烤肉、包装、打码、发货各一个车间，实行透明化生产，他把这些过程展示在每天的短视频里。太平哥介绍说，他正在筹建一个自己的大型扶贫厂房，帮助更多贫困的牧民走出艰难的生活，不再像他小时候那样给别人放羊，吃苦受罪。同时，他也希望把更高质量的草原产品推向全国。

太平哥的经验

1. 真实呈现自己，真实为粉丝着想，以心换心。

2. 充分发掘草原的资源，发挥草原对中南部地区人口的吸引力。

3. 短视频电商销售不仅仅是买卖，是信任交易，以诚以真获得信赖。

4. 难题一定要有，要不然你走不到别人前头。

新疆尉犁黑子：古色生香

昵称：新疆尉犁黑子

姓名：谭相勇

出生年月：1984 年 9 月

账号：tanxiangyong

平台：快手

粉丝：38.3 万

住址：新疆维吾尔自治区巴音郭楞蒙古自治州尉犁县

何为"古色生香"

我们从有文化年代感的事物中汲取能量，通过现代的视频呈现，重现历史，还原文化。这种具有鲜明历史文化质感的内容拥有持久的吸引力，与文化相关联的生活用品自然成为粉丝消费的载体。

谭相勇 2017 年通过微信朋友圈销售小油馕。2019 年通过快手做短视频，发挥自己所处罗布泊文化集中地优势，找到了拍摄制作罗布泊美食文化为主题的账号表达载体，快速聚拢粉丝。目前，他成立了多个小油馕合作社，通过电商带动一方美食产品的销售。

短视频之路

谭相勇生活在新疆维吾尔自治区巴音郭楞蒙古自治州尉犁县，曾经办了一家汽车修理厂，也是名资深的修理工。因为爱车更爱越野，车友遍布全国各地。车友们说，吃过你做的油馕还想吃，我们回家后，你能不能发快递给我们。从 2017 年起，他靠着微信朋友圈经营小油馕、羊肉等当地特产。为此，他还成立了一个专业合作社，开启了电商的道路。

2019年，越野圈的朋友告诉谭相勇："现在买你的油馕的都是来过你这里，吃过、尝过的，现在短视频平台很火，你可以让更多人了解你，喜欢上你的小油馕。"

谭相勇小学毕业，对短视频平台了解不多，为了做短视频，他一边上网查资料，学习充电，一边研究拍摄。

"我只拍新疆美食的作品，风土人情那种。"谭相勇介绍起初时的账号运营思路这样说道，"我们这里独有的文化，在越野一族朋友身上已经应验是受欢迎的。"于是，账号中文化内涵丰富的短视频，播放量十万、百万的爆款节目不断出现，谭相勇觉得找对了创业的门路。

遭遇艰难，苦寻出路

时间不久，他迎来了艰难的一道坎儿。

"刚开始还可以，拍着拍着就没有选题了。"谭相勇拍摄新疆美食，

（图片来自尉犁县政府网）

一天一条，选题库有限，很快就在拍摄内容上陷入困境。

这时，谭相勇在网上扩大视野，寻找灵感，发现好多美食账号主播都是自己制作美食，自己拍摄，内容就会有很大开发潜力。因此，选题库扩容是核心。谭相勇作为越野一族，他深知城里人缺少什么。

"越野圈的人对罗布文化很感兴趣，因为他们城里人对现代的东西非常熟悉，对接地气的内容却不了解。"于是，谭相勇决定从罗布文化美食开始，做这个自己有而别人没有的内容，因为谭相勇的家乡就在罗布文化丰富的尉犁县。尉犁又名"罗布淖尔"，源于罗布泊而得名，意为"水草丰腴的湖泊"。谭相勇的家就在孔雀河畔，处在罗布文化的发源地。

"我就自己拍摄自己，自己亲手制作美食，更加接地气，更加真实，而且几乎没有人做。"果然，谭相勇的一道美食火了，这个在孔雀河边"红柳肉串烧烤"的短视频不到一分钟，接近300万的播放量，也收获2 000多个粉丝。

看来，选题只要好，播放量就没有问题。为了找到好选题，谭相勇经常和村里的老年人聊天，从他们那里了解最传统的罗布美食和生活习惯，然后再重新展示出来。从此，"新疆尉犁黑子"的账号进入粉丝快速增长阶段。谭相勇有惊无险地过了选题库这一关。

变现之路

谭相勇在直播带货前，靠着深耕越野圈多年的经验，接待来自全国的越野爱好者到家乡体验罗布文化，建立了多个微信群，主要靠微信群卖货，全部都是老熟人。

随着短视频平台粉丝的快速增长，谭相勇在2019年6月开始了直播带货，主要销售产品就是油馕和蜂蜜，一开始一天可以卖百十单，有时候比微信的出货量还大。可是，考验也随之而来——直播新鲜劲还没过，就被迎头泼来一盆凉水。

"好多人认可不了，觉得口感硬一点，平原地区的粉丝喜欢软一些。"于是，免不了有一些退货，钱没赚到还搭进去了运费。

谭相勇请来村里的104岁老人古丽苏木汗，到合作社看大家打馕，老人家一直用柴火烤馕，在传统口感方面，她给谭相勇提了不少好建议。

为了使口感在平原地区获得认可，谭相勇想到一个办法，他贴进去快递费，把馕寄给内地的朋友试吃，根据大家的反馈意见，进行有针对性的改良，改一次就寄一次。

可是，口感方面还是差那么一点，有人反馈没有麦香味，谭相勇拿着馕让村里老人提意见，最后发现问题的根源在面粉。

于是，谭相勇自己联系面粉厂，再买来优质小麦，加工成全麦粉，这样烤出来的馕麦香味浓郁诱人，最终也确定了小油馕的制作标准流程，口感得到统一。这个过程下来，谭相勇已经消耗了200多袋面粉。

自媒体通过账号变现，产品品质一定严格把控，做高性价比，做优客户体验，从谭相勇调整油馕的口感我们可见一斑。品质有了突破，接下来就需要规模化生产上继续保持品质的稳定，做好产品升级。

谭相勇在这方面也不少下功夫，他召集打馕能手，成立了4个专业合作社，又开发出来了干果馕、玫瑰花酱馕、辣皮子馕，纯手工打造，合作社日均打馕4000个，单日营业额过万元。

目前，在小油馕发展的基础上，谭相勇不仅内容向罗布文化方向发展，而且经营产品已经扩大到全部新疆特产，从干果到苹果，从蜂蜜到羊肉，还有新疆棉被都已上架。他日常带货，先发短视频，实现粉丝对账号的关注，再直播推介产品，把人流量导入小店，形成常态化的销售，每天直播一场。

谭相勇实在又真诚可靠的行事风格获得粉丝的认可，尤其是他的直播口头语："你对我信任，我对你负责任。"真实表达了自己的态度与价值，用口碑持续增粉。

谭相勇的经验

1. 找到自己的唯一点，发挥这个点的价值。

2. 货品品控要统一标准、稳定，确保优质。

"渔人阿烽"：靠海吃海

何为"靠海吃海"

短视频内容决定账号运营的质量与变现能力高低。在广大乡村，利用独特的当地资源，在全国享有广泛知名度，能够引发人们联想，这就能推动账号的发展和提升。比如我们常说的靠山吃山，靠水吃水，山水资源丰富，画面表达张力足，而对于其他人来说这种场景本身就具有较强的吸引力。

渔人阿烽通过拍摄日常海边的赶海生活，捉鱼、钓鱼、卖鱼，生动呈现渔民的日常生活。再加上阿烽真诚老实的表达与性格特点，有趣有料，吸引了众多关注。目前，他通过流量和电商两个渠道变现，年收入百万元左右。

短视频之路

阿烽家在海边，村里人以捕鱼为主。在年轻人中，他们受教育的程度不断提高，通过打工等渠道，逐渐脱离了辛苦的渔民生活。16岁那年，阿烽去广州东莞做海鲜

昵称：渔人阿烽

姓名：陈烽

出生年月：1992年8月

账号：1937518959

平台：抖音

粉丝：546万

住址：福建省莆田市乐屿岛

生意，做了三年，他发现从抓海鲜到卖海鲜还是有着巨大的行业门槛，阿烽做得并不如意。三年后，阿烽看到远离家乡讨吃喝的工作难以托付未来，于是回到家乡福建，过上赶海生活，他也成为渔村里最年轻的渔民。

在一次聊天中，阿烽东北的朋友建议他拍摄短视频。一开始，阿烽以自拍为主，因为不是专业传媒行业出身，他的作品不温不火。一年后，随着手机剪辑软件不断升级，手机的智能化消除了他"不专业"的限制，他逐渐掌握了手机拍摄、制作短视频的技术。

第一个赶海视频，在大海中与海浪共舞，在海风中挣扎，狗鲨、兰花蟹、海鲈鱼接连进仓，海上的现场感带来 40 多万播放量，数千个点赞，上了一个热门。这对于相对内向的阿烽来讲是不可想象的，一条节目，有数十万网友的关注，这是他始料未及的。

火爆之后，阿烽随之而来的就是茫然，每时每刻都有几千双眼睛盯着自己，他有些手足无措。"我很茫然，有时候不知道该怎样去说去表达。"再加上阿烽的普通话并不标准，在账号运营初期甚至有些自卑，有粉丝宽慰他：不会说普通话就不用说了。

节目传播力大了，有人慕名前来观摩，也有人私信聊天。这时，四

川的阿鑫来到福建，见到了阿烽。阿鑫来自四川，家乡没有海，对阿烽的大海生活充满期待。通过沟通，两个年轻人开始了合作。阿鑫负责拍摄制作，阿烽负责出镜。阿鑫是一所职业学院传媒专业的学生，拍摄和剪辑的内容越来越趋向专业化，阿烽账号内容质量提升了一大截。"我会留意他出丑的细节，粉丝更喜欢看这些真实的一面，有趣的一面。"阿鑫介绍拍摄心得，经验越来越丰富。

阿烽全面、真实地展现渔民生活，节目不断上热门，粉丝量突飞猛进，最好的时候，一个星期就涨了17万的粉丝。

发展提升

为了方便拍摄工作，摄影师阿鑫和阿烽一家住在了一起。随着账号内容质量不断提升，阿烽的账号成功加了"V"。

在"渔人阿烽"的作品中，最常见的是赶海捕鱼、抓螃蟹、下地笼、钓鱼等小视频，呈现海边渔民的日常生活，也为远离海洋的内地粉丝呈现了最新鲜的"靠海吃海"的场景。而且，"捉鱼"这个充满趣味性的活动，"卖鱼"这个劳动收获的场景拥有着巨大的吸引力，为账号增色不少。我们常能看到网友评论："这个鱼多少钱一斤？"、"看到捉鱼就

想起小时候"、"天天这样捉鱼，原来也是一个重体力活"。有时候，阿烽接连下了三四张网，最后只收获几只螃蟹，还不够油钱，粉丝们也感受到渔民生活的艰辛和不易。

除了大海的"渔活动"外，阿烽的"渔生活"内容也充满吸引力。这些内容有生活片段，有美食制作，还有亲戚朋友的亲情故事等。这些渔民的生活类短视频让大家了解到阿烽的渔家生活，从另一个角度加深了网友对阿烽的认识和了解。有网友留言说："我就是冲着表嫂的魅力才关注的渔人阿烽"，虽说这句话有一些调侃和幽默意味，不过，这也从一个方面说明，阿烽无论在工作还是生活里，粉丝都能感受到他是一个纯朴、诚实、乐观的渔民，也能感受到他们是一个勤劳、和谐、快乐的渔民大家庭。

阿烽的这种内容表达，对众多新农人来讲，一方面丰富了选题内容，毕竟每天拍摄日常生活，选题库会很快枯竭；另一方面，阿烽的人物色彩更加丰富，人情味更浓郁，更容易吸引粉丝的关注和持续了解。而在这些内容背后，我们可以看到一个乡村新农人的毅力，每天坚持拍摄，持之以恒，风里来雨里去，这种真实的呈现，无论是人物阿烽还是账号本身都更加丰富多彩。

运营创收

平台分成 阿烽目前在西瓜视频和抖音两个平台同时运营，收入来源主要有平台流量分成和当地特产销售。阿烽视频播放量很高，每天累计都在 80 万以上，平台上有着不错的分成收入。

海产品变现 阿烽内容体现"渔乐"，各种各样的海鲜常常让粉丝欲罢不能。阿烽当地特有的海鲜产品、枇杷膏、海带丝等通过短视频和直播把粉丝引到小店，实现销售。我们在阿烽的小店里看到，阿烽的店铺销量冠军是枇杷膏，以"阿烽"品牌系列呈现，已经销售 4 000 余份。

在阿烽的带动下，发小阿雄也开始了日常的渔民生活拍摄。在阿烽周边，十里八乡因此进入短视频行业的人不在少数。一方面争取流量分成，另一方面把海产品销售出去。

新农人在乡村创业过程中，农村独有的内容就可以成为推动乡村产品销售的载体。而这个载体如何承载起特产，一人一卖法，一人一模式，万变不离其宗的是让粉丝对你的内容感兴趣，对产品感兴趣，这样销量提升就水到渠成了。

阿烽的经验

1. 最朴实的表达，原汁原味地呈现海边渔民工作、生活。

2. 善于捕捉渔民生活的生动点，增加悬念波折，不再是平铺直叙，比如抓拍阿烽出丑等。

3. 坚持更新且坚持真实，保持自然的纯朴、善良、乐观，不仅具有个性点，又兼具趣味点，使账号内容体验一直处在高点。

6. 乡村人物 IP 类

乡村人物 IP 类账号运营要点

乡村人物的 IP 化账号是指充分发挥个人的强项，借人物个性特点形成账号最大传播力载体，实现人物的品牌最大化。这种 IP 账号常常借助一定才艺、技艺，但其目的是为突出人物、打造个性特点而服务，才艺只是载体。

人物 IP 化打造的特点

账号形象鲜明，符号化明晰　IP 化账号的人物形象鲜明，具备清晰的识别特征，无论是着装还是语言，外观系统清晰可以表明人物的类别和特点。比如"爱笑的雪梨吖"——"爱笑"呈现她乐观积极向上的性格，与视频内容里的自食其力，努力打拼的青年形象一致，形成强烈的识别符号系统。

以人物为中心，个性点鲜明　IP 化账号围绕的重点是人物，人物的一言一行带动内容的发展，尤其是个性化突出的人物。个性化就是要求不普通，如果是能"说"那一定是出口成章，妙语连珠；如果是"漂亮"，那一定美得超凡脱俗；如果是"接地气"，那一定是乡土到人的灵魂和发肤。如果以人物为中心，人又是普通的人，IP 化将很难实现。比如"小英夫妻：温州一家人"的账号，夫妻跳曳步舞，帮助抑郁症丈夫，收获 400 多万粉丝。他俩是普通的人，却做了不普通的事。

内容贴近性强，具备良好口碑　人物 IP 化账号内容具备很强的贴近性，内容发布之后能够形成良好的口碑。比如"湘妹心宝"看似是一个普通山村女孩，但是吃苦耐劳有趣味，穿着朴实令人惜。她蓝布裤子，碎花上衣，脚踩黄解放鞋，有年代感又有着年轻人的朝气和风趣，评论区好评如潮。

账号有价值感，有温度　IP 化账号不只是为内容而内容，而是有着个人明确的目标和温度，有自己的清晰追求，并透过内容传递自己的温度。比如"嘉绒姐姐阿娟"传递嫁给藏族同胞后的快乐生活，家

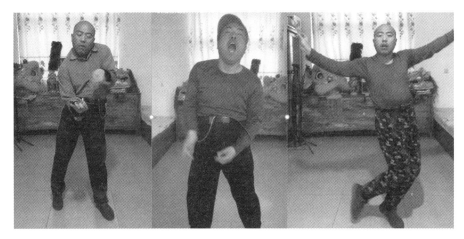

庭幸福美满，传递"只羡鸳鸯不羡仙"的家庭观念，同时帮助乡亲们卖货，有价值、有温度，正向积极的精气神影响着每个粉丝。

个人IP账号类型

娱乐搞笑型 娱乐搞笑型常见的方式有表演短剧、段子等，看后让人会心一笑，主角人物表演功底扎实，张力强。比如"水城余哥"，音乐一起，他的"魔舞"无人能及，全网纷纷合拍，他也因此热度飙升，凭借8个作品，粉丝破百万。

"种草"服务型 作者通过体验产品、评测产品、制作产品等过程，内容有着很强的可看性，同步实现"种草"。这种账号的变现渠道比较通畅，一般情况下做什么卖什么，想卖什么就做什么。比如美食短视频常见的海鲜评测。

知识大咖型 作者在某一领域知识、经验积累丰富，成为某个领域的大咖或者专家，通过短视频分享这些知识。比如"付老师种植团队"这个账号，付老师本人就是高级农艺师。

故事型　故事化 IP 常见的形式是记录身边事，演绎生活故事，对应的是纪录片式的故事和影视短剧形式的故事。故事型短视频未来也将成为短视频平台炙手可热的内容来源和流量口。

个人 IP 打造路径

定位与形象包装　新农人选择定位时，从自身最强项、最喜好、最可持续三个角度考虑，同时考虑短视频市场里的内容竞争激烈程度，做好差异化。在人物形象上，日常生活是一种状态，可能只是一个普通人，而出镜时是另一种状态，是有感染力的，尽量张扬个性。形象方面，从服装、化妆、道具上着手强化，比如以经典影视剧中的典型人物形象作为参考，他们在老百姓心中已经耳熟能详，容易被识别，以此来确定自己的定位与整体形象包装。

节目形式与符号体系　以人物为主的短视频账号，其呈现的形式围绕人物展开，人物的情绪、表情、动作、语言等如何"组装"出一期完整的视频，需要特别的设计。设计因人而异，有的突出声音，比如"守山大叔"的朗诵；有的突出动作，比如"大脸妹脸大"，在乡村表演功夫，各种武打成为主要内容。

在账号符号化包装上，账号主角从内外两条线来提升，从外在的头像、简介、头图、昵称、封面，到节目内在的口头语、招牌动作、道具等，围绕人物，突出个性特点，做优内容。比如"丽江石榴哥"飙英语来卖水果，个性鲜明。

内容的高质量持续输出　人物形象、符号化体系是"筐"，优质内容才是高品质的"水果和梨"，IP 化账号打造过程中内容是核心，内容质量越高，传播越广，人物形象化越有聚粉的效应。

新农人该避开哪些"坑"

标签多 新农人拥有一项较强的能力，但是这项能力可以创作的方向也比较多。这时，需要做好标签，不能东一榔头西一棒槌，没有主次，分散注意力。比如农艺师这个行当，可以有的标签包括"农艺师""农业管理咨询专家""农技培训教育""农资市场分析师"等，结合农艺师常用的变现渠道，自己在资源与条件最为丰富的领域选择，如当地农产品丰富，就侧重"高超农技种植优质农产品"的标签。

不垂直 内容越垂直账号就越有黏性，互动越加频繁。新农人在垂直领域创作内容，更要有清晰的目标受众群体，实现二者高度一致。还举上面的例子，农艺师有种植技术，定位于"种植技术服务"，这时就有两个群落，一个是农业大田生产与种植，针对农村农民；另一个是田园感的休闲体验与种植，针对城镇居民的庭院种植。这两个方向的垂直领域，节目制作的场景与表达各不相同。

方向模糊 新农人运营账号初期，看到什么火都想拍，甚至盲目跟风，最后发现，自己追了很长时间的热点，账号数据依旧平平，这就是方向模糊带来的后果。真正运营账号，需要根据账号定位与目标用户的需求不断理清内容的边界，并持续创新节目形式，实现账号持久运营。

因此，新农人判断自身账号是否符合 IP 化方向，可以反问自己几个问题：我的个性特点是否与内容有机结合？我的内容离开我是否索然寡味，暗淡无光？我的用户是否认可我并喜欢我？

"湘妹心宝"：铁骨生花

何为"铁骨生花"

中国画中梅花的形象表达为铁骨生花，生命力强大。在日常生活中，人们用梅花形容在不可想象的严苛环境下，做出非凡的成绩。做自媒体时，人与环境合而为一，有所收获，也能使人联想到梅花的意境。

该账号以"90后"美女的乡村工作、生活为主，主角心宝有两个大辫子，红色上衣，七分裤，一双军绿鞋，浓眉大眼双眼皮，地地道道的乡村小妹打扮。乡村湘妹有点野，有点靓，田间地头快快乐乐心敞亮，美食、农活快乐演绎，甚至可以做扛起打谷用的大木车这样的"硬核"农活。

"邻家小妹"开播了

心宝是位"95后"，中专毕业后学了服装设计，随后去广东、长沙等地打工。2018年，心宝回到老家新化县维山乡，开了一段时间的淘宝店，但是并不如人意。2019年初，心宝在堂哥的鼓励下，开始拍

昵称：湘妹心宝

姓名：曾庆欢

出生年月：1996年7月

账号：1862826656

平台：抖音

粉丝：286.7万

住址：湖南省娄底市新化县维山乡

摄短视频。她用手机随意拍了一些干农活的视频发到网上，粉丝增长很慢，没几个人看也没几个人点赞。2019 年 3 月，心宝决定搞一场直播。她和邻居几个人在一个小溪边垒灶、烧火、砍竹子、做竹筒饭，野趣乡间忙活了一整天。直播时间超过了十小时，天黑下播，一看数据，涨了250 多个粉丝，这是涨粉最多的一天，难得的收获。这份收获让心宝看到了希望，有信心走过了备受煎熬的涨粉初期阶段。

第一波大量涨粉是 2019 年 4 月，心宝拍摄了一段犁田的视频，引起网友们疯狂地点赞、转发，一天涨粉 10 多万。这次视频的成功，心宝明白了粉丝真正想看的内容是那些最真实、最朴素的农村原始风俗、传统技艺，是田园，是乡情，更是乡愁。按照这个方向，半年时间，心宝账号增粉近 60 万人。

随着粉丝数量的增长，心宝参加了平台举办的各种培训班，学习

拍摄方法和技巧。她开始策划内容，添置数码摄像机和单反相机等专业设备，自学 AE 视频剪辑软件。经过几个月的艰苦摸索，心宝的视频整体质量有了很大的提升，拍起视频来更加得心应手了。

最成功的一条视频

视频里，心宝的乡村工作与生活是"硬核"的，在她眼里，干农活没有性别之分。

心宝拍摄的作品里反响最好的是"米饭的前世今生"，这是她创作内容的至高点，也是工作量最大、历时最长的一个作品。

这个作品从犁田开始，经过耙田、平田、护田坎、下谷种、扯秧苗、插秧、收割、收谷、晒谷、车米、簸糠等过程。总历时 1 年多，心宝完整呈现了南方种植水稻的全过程，这其中的每个步骤她都是倾尽全力去做。

犁田的时候正值倒春寒，赤脚踩在冰冷的水稻田里，脚底被石子划破流血；护田坎时小腿被玻璃瓶扎伤；插秧的那一天遇到暴雨，电闪雷鸣，雨水淋湿了厚厚的蓑衣，当天发烧到 39 度；收割稻谷时两只手和胳膊被锋利的稻叶割得伤痕累累。其实，心宝并非不知道做防护措施，而是从拍摄的真实效果考虑，她毅然放弃了一些防护措施。

付出与收获成正比。这个抖音视频最终获得了 1 500 万次播放和 150 万点赞，这让心宝感到很欣慰，更深刻理解优质内容才是王道。

账号亮点

人设定位与包装　心宝的装扮：看似扎眼的一双大粗辫子、一双从不离脚的绿色解放鞋。人格设定：着装朴素的农村女孩。再结合心宝的视频内容，一个淳朴善良、刚强能干的农村女孩印象就会深深刻入脑海。

内容反差与情绪激发　心宝看起来就是一个柔柔弱弱的女孩，她却干着一些男子汉都做不到的农活，那份内心的刚强与外表上的弱女子形象形成巨大的反差。

南方生态小山村　拍摄的大部分视频的背景都融入了家乡的美景，无论谁看到绿水青山、梯田、水牛、荷塘、泥鳅，想必都会感到心旷神怡。

坚强助真实　心宝认为最核心的亮点还是"真实"两个字。无论心宝的装扮，还是内容，都是心宝日常生活的真实反映，不造假不做作。心宝说："原汁原味地反映当今农村的本色生活，是我这个账号的鲜明特点。"

普通中的非凡　心宝觉得只有真实的东西才能长久，弄虚作假终究有一天会被揭穿。她甚至不用美颜，只当一个普通的农村女孩，自强的女孩。

　　乡愁根据地　心宝在视频中说：那些不愿意回农村的朋友，你们还了解农村吗？这句话看似随意，但是时刻标明心宝的价值：我愿意回农村，我愿意让大家看到真实的农村，让粉丝更容易形成内心的归属与认同。

心宝的营收模式

　　视频带货和直播带货，打通电商变现渠道。心宝家乡是农业大县，农副产品和自然资源很丰富。心宝把家乡的美食、美景、乡情穿插起来，呈现给粉丝，内容与产品衔接、心宝与产品搭配可谓是天衣无缝。这也是很多新农人变现的路径。

　　在电商变现方面，心宝介绍说："首先严格选品是关键，重点考察所售产品的质量、资质、供货能力、发货速度、发货数量和售后情况。"目前，当地特产腐乳成为心宝重要的供应商品，直播一场最高卖掉40万元的货。确定了产品后，心宝会针对产品的特点和卖点，拍摄视频或者设计直播带货。最后，心宝电商团队在店铺后台进行接待咨询、

处理售后问题等操作。

未来，心宝准备把产品范围扩大到全国。

目前，心宝已经实现电商销售 1 000 多万元。2020 年 4 月至 12 月，心宝实现扶贫农产品销售额达 300 多万元。当地乡亲们就业率增加了，外出打工的人也少了。而且心宝村子里玩抖音的人越来越多了，合作社、农家乐、养殖场、种植基地等都拍起了视频，搞起了直播带货和品牌推广。

拍摄植入性的视频广告。当一个作者的视频播放量持续提升，他的媒体价值就可以得到彰显。目前，每个平台为粉丝超过一定数量的创作者开辟通道，在平台上可以直接服务广告主，实现商品、服务、APP 等植入形式的广告变现。

心宝的经验

1. 坚持，没有持之以恒的毅力，是做不好账号的。

2. 学习，能避免在黑暗里坠入深坑。

3. 做好内容垂直度，做自己擅长的内容，一以贯之。

4. 自媒体主要是以内容为主，制作符合平台规律的优质内容才是王道。

嘉绒姐姐阿娟：快乐"传染"

何为"快乐'传染'"

嘉绒姐姐阿娟的短视频内容呈现为乐天派，或歌，或舞，或搞笑，自然地展示美好，并尽情地享受快乐。这种真实的生活状态通过短视频传递给粉丝，感染粉丝，让他们看后会心一笑，产生来自心底的认同。

嘉绒姐姐阿娟是一位藏族同胞的妻子，在欧洲做过导游的她通过自己生活场景的快乐展示，传播传统高原生活的特有场景，获取全网粉丝达 300 余万。目前，阿娟通过直播带货销售 200 吨苹果，累计已经销售各种农特产品 1 000 多万元，对当地及周边有显著的带动作用。

国际导游另辟蹊径

阿娟曾经是一名欧洲导游，因为认识了老公而嫁入藏区。在结婚前，阿娟的老公告诉她高原上条件有限，比较艰苦，可她毅然决然地跟心上人来到青藏高原的老家。阿娟原以为会受到欢迎，可没想到公

昵称：嘉绒姐姐阿娟

姓名：何瑜娟

出生年月：1983 年 1 月

账号：afaj6688

平台：抖音

粉丝：248.6 万

住址：四川省阿坝藏族

羌族自治州小金县

婆的亲戚觉得她是城里人,从小娇生惯养,也不会做农活,不会养猪,娇小姐式的"衣裳架"一个。阿娟暗下决心,用自己的资源,帮他们做点什么,好改变身边人对自己的看法。

经过几天的观察,阿娟发现家里的亲戚都有一些滞销的农产品,于是,她开始用朋友圈推广高原山区的土特产。没想到,高原产品很受外地亲友的欢迎,效果相当好,推什么就能卖掉什么,产品很快就卖光了。经过这件事,丈夫家的亲友对阿娟的看法发生了彻底的改变,大家都认为她聪明、善良还能干。这个"销售能手"在亲友圈成名后,越来越多的亲戚和村民跑来求助,请求阿娟帮他们卖农产品。

这时,阿娟想到了短视频平台,她可以做自媒体,然后再通过直播的方式推广农产品。这样不仅可以帮助到更多老百姓解决销售难的问题,也能增加收入,是一个有意义的事情。说干就干,阿娟和老公双双辞去工作,全力拍摄小视频,展示自己与当地的风土人情相结合

的快乐生活，通过平台提供的电商工具销售农特产品，带动当地的农产品销售和农牧民就业。

随心随性"真"快乐

阿娟的短视频内容，正如她阳光般的性格一样，充满正能量，积极向上，让观众看后如沐三月春风，这也成为节目最大的风格和特点。这一切源于她真实展现出了当地的风土人情。

说到自己账号的定位，阿娟说："因为从来没有自媒体的经验，以前都是从事旅游行业，为了简便易行，我们就用视频还原了最真实的生活方式，并表现出热爱之情。"所以，阿娟拍摄的短视频常常有蓝天、白云、洁净的空气，有藏族同胞的民风民俗，还有高原特有的服饰文化，这些都能满足外地人的好奇心。

在节目形式上，阿娟成为节目的中心点。她以流行音乐作为背景，以淳朴的生活片段为主体，呈现完美的安居乐业生活模式，俘获了大量的粉丝。

账号的变现模式

平台规则放宽带来流量变现　阿娟一开始主要在抖音平台发展，当时平台禁止个人账号直接推广产品和进行宣推运营。尤其在 2018 年的 9 月，阿娟一直拍摄和当地苹果销售相关的一些视频，最终被定性为广告营销号，一度被平台关"小黑屋"。阿娟只好通过向平台官方发邮件说明情况，并及时进行内容调整，账号的各项目数据才逐渐恢复正常。可是，阿娟账号刚刚正常，平台规则变了，平台有意倡导和扶持电商发展，用户可以直接挂销售链接，销售特产十分方便。阿娟意识到：短视频自媒体的春天已经到来，她一方面继续宣推农产品，另一方面直

播带货变现。

阿娟通过直播带货，在当地产生巨大的带动作用。带动当地农村特产的销售，为贫困户脱贫和少数民族企业提供支持，中央电视台因此还送给阿娟一个"高原的格桑花"的雅号。

培养新农人走规模化路线　在 2020 年疫情的影响下，到阿娟家乡来旅游的客人非常少，再加上泥石流影响，苹果滞销严重。通过努力，阿娟把一个乡镇接近 200 吨的苹果销售一空。阿娟介绍说，未来她将努力让更多人能吃上"电商饭"，激励更多的人通过短视频创业，让亲友、邻居找到全新的农产品销售路径。目前，阿娟在家里已经筹建好了直播间，她将同步孵化培养亲友当网络带货达人，最终实现村村有网红、村村有主播的目标。

现在，阿娟主要进行短视频带货和直播带货。2020 年 9 月每场直

播平均销售 1 000 单高原苹果。从做电商开始到 2020 年 10 月，阿娟团队共销售各类特产达到 1 000 万元，带动 25 位当地农牧民就业，精准帮扶到 50 个贫困户，带动 1 500 户农户、50 家当地中小企业发展。

导游出身不忘端旅游"饭碗" 阿娟介绍说，卖产品还不是自己最擅长的事，导游才是自己的专业。未来她将推广当地的旅游产品，在帮助农户吃上"电商饭"的同时，让更多藏族同胞吃上"旅游饭"，让农牧民可以开上民宿、客栈，并与农产品互补互助营销，实现对农牧民更多更大的带动。在这方面，阿娟优势明显，她是导游还会讲课，通过培训把自己的模式复制下去，成就更多农村主播，实现团队作战和更大面积的带动。

她一直记得，第一次把老公亲友家的产品卖出去后，他们的快乐

表情是来自心底的满足，这是阿娟最愿意全力以赴去做的事业。

阿娟的经验

1. 不要计较暂时的得失。当账号的定位和节目形式确立之后，就要坚持走下去，不要因为一个节目不好就否定一切，坚持就是胜利。

2. 找准自己身上的亮点。阿娟是一个乐天派，性格外向，她就把这种状态和当地风土人情融为一体，传递快乐，传递能量。

3. 要有付出的精神，还有越挫越勇的心态，能纵观全局，还能组织人力执行。

4. 运营内容，还得有一些情怀，情怀是你梦想的一部分，是内容的灵魂，而有灵魂的内容，粉丝能感受到血肉和温度。

爱笑的雪莉吖：刚柔并济

何为"刚柔并济"

刚中带柔，柔中带刚，外在至刚至强，内在女性柔美，再与生活经历的故事糅合，柔和刚相映衬，就会有很多的情绪触发点，以此立意的账号内容具有更多的情绪共鸣点和反差感的吸引力。

"爱笑的雪莉吖"作者 22 岁，是一个年轻漂亮的姑娘，她以山乡女孩的吃苦耐劳、自立自强为基本价值定位，粗活累活，重活脏活，不挑不拣，展示山村女性刚强的一面；她制作分享美食，呈现一个地方美食文化。内容乡土感显著，人格突出，内涵丰富，获得众多粉丝的喜爱。

柔弱女孩钟爱短视频

2018 年，"95 后"的雪莉看见同学在玩短视频，而且玩得颇有成效，粉丝一个劲涨，并且收入不菲，她就想自己也试一下。

于是雪莉下载了快手，拍摄视频，起初的一切都普普通通，像她在山村里一样

昵称：爱笑的雪莉吖

姓名：袁桂花

出生年月：1999 年 1 月

账号：yuanguihua

平台：快手

粉丝：352 万

住址：贵州省黔东南苗族侗族自治州

默默无闻。同学们不愿意跟雪莉一起拍视频，爸爸妈妈也不理解女儿，但这个单打独斗的小女生是不服输的，"刚强"的一面其实早已刻入了她的骨子里。

有一天，雪莉制作了自己跟爸爸一起在山里放牛的视频，生活从此改变了。在视频里，山青草绿，蓝天白云，放牧少女轻摇皮鞭，小曲遥传，如诗如画，如梦如幻。山里人看似普通的一幕，平台上的播放量飞速上涨，一天不到就有将近100万人次浏览。网友留言："有机会去你家玩行不？""我想家了，想妈了，想大山了。""好想逃离城市，跟你放牛。"

视频有些起色，雪莉就找到了姐夫阿牛哥求助，希望获得帮助，她的账号这才有了摄像师。随后，雪莉开始自己带货，发现短视频可以带来实实在在的收入，亲友们也开始慢慢地理解支持雪莉。

涨粉是个过程

雪莉介绍说："自己最大的成功是准确的设定自己的人设，并根据人设去拍摄内容。"

"爱笑的雪莉吖"——从昵称看这是一个乐观积极的女孩子的账号。研究她的视频内容，雪莉一方面是位二十岁露头的小女生，时常扛起五六十斤的木头，脏活累活毫无所惧，她的吃苦耐劳是众多同龄人所不具备的。另一方面，雪莉恰恰也是自立自强传统女性的真实写照，呈现中国勤劳女性的典型特征，"柔中带刚"更给粉丝带来了高频度的内心互动，激发点赞和评论。粉丝常常留言："辛苦你了，注意安全。""这妞踏实，适合当媳妇。"

雪莉通过节目让粉丝认识了刚强的乡村姑娘。好多人说，她明明可以靠颜值挣打赏，却偏偏靠实力，是一位正能量女孩。除此之外，雪莉骑自行车的标志性微笑，年代感的纯真，如春风般吹暖人心。每个曾经的乡村少年，都怀念曾经骑着单车的简单快乐，怀念着当年耳畔呼呼的风声，这些内容让粉丝很容易找回曾经的自己，从而实现内心的共鸣和互动。点赞、评论等数据因此得到提高，流量自然就来了。

雪莉通过节目让粉丝了解山村的田园情趣。山村砍柴、挑粪、种菜、刨地、抓鱼——这些山野情趣的视频一方面呈现雪莉自立自强的账号价值导向；另一方面，让在大城市里每天面对巨大工作压力的人看到视频，不仅勾起回忆，还对乡村田园

产生梦幻般的心灵寄托。

雪莉说,这些事都是他们小时候做过的事,视频让他们回忆起来了,所以他们想看到曾经的那个自己。

账号的闪光点

一是真实。雪莉的节目内容都是农村写实风格,记录式传递她纯真生活的真情实感,而真实则是记录式短视频最大的魅力。比如:雪莉要去放牛,她更新的就是放牛的短视频。而这些,原本也就是她生活的一部分,只是用视频记录下来。无论是城市还是乡村的粉丝,通过视频大家都能看到简朴的生活状态,清新的乡村田园。

二是反差。雪莉最核心的亮点之一就是做一些让粉丝感觉到钦佩的事,也就是"反差"。粉丝认为她瘦弱干不了,而她却每次都干得很漂亮;粉丝认为是大男人的活儿,她却干得头头是道。比如小小年纪能

扛一百五十斤的木头，虽然双腿颤抖，却正是真实的流露。

三是激发共鸣。雪莉做一道好吃的家乡传统美食，是好多人儿时的回忆，是脑海里无法磨灭的那个场景的再现，这样的内容能够很好地激发共鸣。同时，作品内容时间控制在 57 秒左右，简洁表达可以保证作品完播率。内容真实简单，作品就能一下子吸引到大家的关注。

四是传递亲情。雪莉的视频经常会有母亲的身影，以母女俩的生活细节作为导入，形成故事的起点，进而展开视频的叙事。这种母女型的短视频模式，很容易拉近与观众的距离，毕竟谁还没有一个可爱的"小妹"。

"爱笑的雪莉吖"一直都是拍雪莉个人的成长经历，干体力活，做菜，都是以山村生活片段形式呈现，给大家带来正能量。

雪莉自嘲式的表示：自己的视频都太正经啦。未来，她将根据粉丝的需求和平台的发展趋势，会对内容做一些改进或者延伸。比如加一些幽默有趣的细节，让作品情感体验更加丰富。

其实一个自媒体人，一个达人，做了自媒体，就需要持续地创新，持续地给粉丝带来新鲜感。还好，我们看到雪莉正在这条高速公路上快速向前。

收入的两条路子

内容"种草"，电商变现　雪莉的收入在一开始靠的是直播打赏，她感觉这个路子走不长。随后，她就把精力更多地分配到直播带货方向。比如，雪莉拍摄的"种草"类短视频，一个腊肉的制作过程，然后粉丝们看了就会觉得"呀，好想吃"，此时作者就跟粉丝建立比较好的朋友关系。另外，短视频里的特产都是原生态，是带有价值认同感和人格属性的产品。这样一来，粉丝先是看到内容，然后认可这个制作流程，

认可作者，信任作者，喜欢产品，更加容易形成在线的销售。

不过，雪莉在走上电商道路的初期还是吃过亏的。一次，雪莉为助农，帮助老乡们卖了很多当地的野果。结果，因为物流的原因全部都坏在了路上。这就是好心办了坏事，顾客全部退单，而且平台还因此封了店铺，赔了不少钱。

这也给新农人敲响警钟：选品、物流、售后，每个环节都要提前做好风险防控，避免造成不可挽回的损失。

目前，雪莉和嫂嫂合作卖了一些特产，家里的六七个人都参与进来，每年销售额平均50万元左右。看到雪莉成功后，当地很多村民也开始用短视频拍摄自己的生活。

兼顾秀场直播与打赏 雪莉小店里电商产品在冬季会进入淡季，这时，她常常打开直播与粉丝互动，也进行 PK 游戏，获得粉丝的打赏支持，这也成为她的一大变现渠道。

雪莉的经验

1. 坚持，不要管别人的眼光，坚定自己的信念。

2. 团队，至少有一个志同道合的人跟你一起策划视频内容，帮你拍摄，探讨交流。

3. 人设决定流量，建立一个自己的鲜明人设，不断地去优化作品内容。

4. 坚持学习，多看热点视频，取其精华，去其糟粕，走到最后一定会有收获。